\10대를 위한 종자 수업\

씨앗, 미래를 바꾸다

10대를 위한 종자 수업

씨앗, 미래를 바꾸다

초판 1쇄 발행 2022년 5월 11일

글쓴이 진중현, 심지형
그린이 금요일

편집장 천미진
편집책임 임수현
편　집 최지우, 김현희
디자인 한지혜
마케팅 한소정
경영지원 한지영

펴낸이 한혁수
펴낸곳 도서출판 다림
등　록 1997. 8. 1. 제1-2209호
주　소 07228 서울시 영등포구 영신로 220 KnK디지털타워 1102호
전　화 02-538-2913　팩　스 070-4275-1693
다림 카페 cafe.naver.com/darimbooks
블로그 blog.naver.com/darimbooks
전자 우편 darimbooks@hanmail.net

ISBN 978-89-6177-291-4 (43480)

◆ 일러두기

본 도서는 국립국어원 규정에 따라 과학 기술 용어 등을 정리했습니다.

\10대를 위한 종자 수업\

씨앗, 미래를 바꾸다

글 진중현 · 심지형
그림 금요일

다림

차례

3장

더 좋은 종자는 어떻게 만들까?

4장

종자 산업

5장

종자의 미래

씨앗. 다른 말로 '종자'라고 하지요. 대부분 식물은 동물과 달리 자손을 세상에 내어놓기 위하여, 씨앗의 모습을 갖습니다. 씨앗은 우리 인간이 보기에 가장 화려한 때인 꽃 안에 담겨 있다가, 꽃이 진 후에 말라 가는 식물에 달립니다. 그렇게 공중에 달려 있던 종자는 땅에 떨어져 오랫동안의 기다림 끝에 다시 세상에 어린 식물로 나옵니다.

그래서, '종자'는 희망의 상징으로 불립니다. 춥고 단단하게 굳어 버린 땅이 녹으면, 종자는 어떻게 그것을 알고, 세상에 봄이 왔음을 알려 줍니다. 새싹을 볼 때마다 우리는 새로운 시작을 활기차게 할 수 있고, 꽃이 피는 것을 보면서 즐거움과 아름다움을 생각합니다. 말라서 떨어지는 잎을 보면서, 인생의 황혼을 떠올리며 눈물을 흘리기도 합니다.

식물은 우리 옆에서 마음과 생각을 아름답게 가꿔 주기도 합니다. 그런데 식물 중에서도 오랫동안 가꾸고 이용해 온 식물인 '작물'은 실질적으로 우리의 삶에 필수적인 식량과 자원을 공급해 주고, 맑고 깨끗한 환경을 제공해 주며, 편안함과 즐거움을 줍니다.

최근에는 반려동물뿐만 아니라, '반려 식물'을 키우는 것이 취미도 되지만, 삶을 건강하게 해 준다고 합니다.

우리의 식량과 생활필수품, 환경에 필수적인 식물도 자원입니다. 따라서 식물 자원도 인간이 끊임없이 개량하고, 우리와 함께 진화해 왔습니다. 식물 자원의 중요한 특성은 종자를 통해 전달되고, 따라서 종자는 산업적으로 매우 중요합니다. 종자는 우수한 식물을 결정하는 과학 기술의 집약체이며, 종자에 관련된 산업 재산권인 품종권은 신지식 재산권으로 분류되어 국제적으로 보호받고 있습니다.

기후 변화와 식량 위기, 그리고 자원 고갈 등으로 예견되는 미래 사회를 지속 가능하게 발전시키려면, 자연 자원을 함께 현명하게 활용하면서, 끊임없는 연구 개발이 필요합니다. 각 나라는 자연 자원의 핵심을 종자로 보고 있으며, 자기 나라의 종자들을 사용하는 것에 대하여 매우 강력한 법으로 보호하고 있습니다. 이러한 '종자 전쟁'은 이미 진행되고 있으며, 종자를 발견하고 활용하고 개발하는 것에 대한 더 큰 관심이 필요한 상황입니다.

종자를 연구하는 학문을 '종자학'이라고 하며, 종자를 개발하는 학문을 '육종학'이라고 합니다. 이것을 공부하려면, 작물학, 생명공학, 유전학은 물론 사람, 정책, 경제에 대한 것도 알아야 합니다.

왜냐하면 우리에게 이로운 방향으로 식물을 활용하기 위한 것이 종자를 연구하는 이유 중의 큰 부분이기 때문입니다.

세계는 1970년대까지만 해도 식량 위기로 허덕였습니다. 그때 발견된 것이 '반왜성 유전자', 즉 식물의 키를 작게 만드는 유전자였고, 이것을 활용하여 세계의 식량은 반 이상이나 증가하였습니다. 우리나라도 우장춘 박사, 허문회 교수 등의 위대한 육종학자들이 있어서 가난의 시대를 벗어나 경제적으로 부강한 나라가 되었습니다. 그야말로 위대한 종자가 희망을 만들어 준 것입니다.

이 책은 종자에 관한 책입니다. 종자를 이야기하기 전에, 우리에게 식물 또는 작물이 얼마나 중요한 것인지를 먼저 알아본 후, 종자에 대한 생물학적 기본적인 것들을 이야기합니다. 식물 자원과 품종이 무엇인지, 그리고 그것을 어떻게 이용하고 개발하는지도 알 수 있을 것입니다. 종자 산업이 어떤 것이며, 얼마나 중요한 것인지도 생각해 보게 됩니다. 그런데 무엇보다도 중요한 부분은 가장 마지막 부분인 '종자의 미래'입니다.

올봄에 틔우는 싹은 가을 수확을 상상하게 하듯이, 현재 주어진 종자는 적어도 수십 년 뒤의 우리의 삶을 결정하게 됩니다. 따라서 종자를 연구하는 과학자들과 육종가들은 엄청나게 많은 다양성과 기회를 종자 안에 담아 두어야 하는 사명을 안고 있습니다. 여러분이 꿈꾸는 세상만큼 종자 안에도 그 뜻이 담길 것입니다.

원고를 세심하게 읽으면서 독자의 눈높이를 맞춰 준 나의 아내 심지형 ㈜EL&I 기술 대표에게 감사하며, 자료에 대한 조언을 주신 세종대학교 이온유 교수님께도 감사합니다. 무엇보다도 이 책이 나오도록 좋은 기획과 헌신적인 수고를 해 주신 다림출판사 한혁수 대표님과 임수현 편집인, 금요일 삽화 작가에게 깊은 감사를 드립니다.

이 책을 읽는 여러분이 식물을 한 번 볼 때마다, 그 안에 숨어 있는 생명의 신비에 호기심을 갖길 바랍니다. 조그마한 종자가 아름다운 식물들로 성장하는 것은 그야말로 경이롭지요. 여러분들도 엄마의 몸 안에서 단지 한 개의 세포였던 것처럼 말입니다. 식물이 흩뿌리는 종자는 새로운 희망을 던져 줍니다. 육종가는 그 희망을 줍는 사람들이고요.

그럼 즐거운 책 읽기를 바라면서, 감사한 마음을 전합니다.

–진중현

1장

생명의 출발과 마지막, 씨앗

대부분의 식물은 종자에서 시작해서 종자로 삶을 마친다

여러분, 식물을 키워 보았나요? 우리 세상은 식물들로 가득 차 있어요. 아무리 아스팔트와 콘크리트로 둘러싸인 도시라고 하더라도, 나무와 풀이 없으면 삭막하고 답답하지요. 식물은 우리에게 산소와 쉴 그늘을 줄 뿐 아니라 동물들과 곤충들이 함께 사는 삶의 터전이 되기도 해요.

그런데 한번 다른 관점으로 생각해 볼까요? 이 세상을 연극이나 영화와 같은 무대 위로 옮긴다면 식물은 어디에 있게 될까요? 대부분 식물은 무대의 배경에 있다고들 많이 생각할 것 같아요. 그러나 사실 식물이 주인공일 수도 있지 않을까요? 사람들은 식물이 필요한데, 식물은 사람 없이도 살아갈 수 있으니까요.

우리는 늘 식물에 의존해서 살고 있어요. 우리가 마주하는 식탁의 먹거리들은 거의 식물을 통해 얻을 수 있어요. 나무, 종이와 같은 생활에 필요한 소재들과 석탄, 석유 등의 에너지 자원까지 식물은 죽어서도 우리에게 자원을 제공해요. 또한 '광합성'이라는 과정을 통하여 우리가 살아가는 데 필수적인 생명의 에너지를 주지요.

식물 중에서도 인간이 특별히 구분 지어 기르는 식물이 있는데, 이것을 '작물'이라고 불러요. 작물은 인간이 필요로 하는 부위를 특히 많이 생산하도록 개량된 식물이에요. 이 과정에서 살아가는 방법과 형태가 많이 바뀌었고 인간의 노력과 도움이 없이는 살아남기 어렵게 되었어요.

서로에게 도움을 주는 식물과 인간

식물은 씨앗에서 일생을 시작해서 씨앗으로 일생을 마쳐요. 씨앗은 보통 식물이 다 자라서 꽃이 피고 진 자리에 생겨요. 그 씨앗은 다시 땅에 떨어져 다음 자손을 번성시키죠. 그런데 작물의 경우에는 이러한 과정에 사람이 관여해요. 씨앗을 따로 받아서 땅을 갈고 일정한 간격으로 심어 주고, 씨앗이 더 싹을 잘 틔우고 잘 성장할 수 있도록 도와주어요. 그 보답으로 작물은 우리에게 필요한 것을 아낌없이 주어요.

씨앗에서 시작해 씨앗으로 일생을 마치는 식물

씨앗은 종자라고도 해요. 한자로는 '種子'라고 쓰지요. '種'이라는 한자의 왼쪽에 있는 글자는 '禾' 자인데, 쌀을 만드는 식물인 '벼'를 의미해요. 씨앗이라고 하면 우리가 늘 먹는 밥이 되는 쌀을 제일 먼저 생각하게 되는 이유가 이 한자어 풀이에 있을 거예요. 종자는 싹을 틔우는 데 필요한 양분이 되는 젖을 가지고 있어요. 이를 '배유'라고 불러요. 벼나 옥수수는 배유를 가지고 있어요. 그러나 강낭콩은 배유가 없어요. 대신 씨앗이 싹 틀 때 필요한 양분을 공급해 주는 '떡잎'을 가지고 있어요.

벼 종자를 심으면 당연히 벼가 자라고, 쌀이 만들어지겠지요? 농민은 이 사실을 잘 알기에 봄에 심고 가을에 수확을 기다려요. 만약 벼를 심었는데 보리가 나온다면 매우 실망스러울 뿐 아니라 손해도 클 거예요. 그런데 종종 그런 일이 생기기도 해요. 씨앗의 관리, 판매 또는 심는 과정에서 이러한 문제들이 발생하기도 해

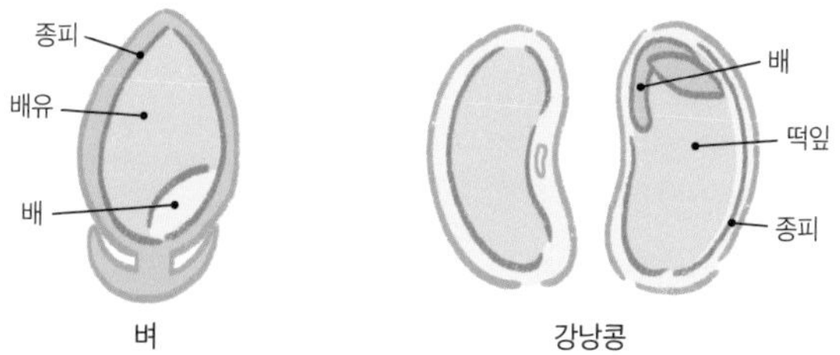

종자의 형태

요. 만약 이런 문제가 계속 생긴다면, 우리 생활에 꼭 필요한 작물과 중요 필수품들을 생산하는 데 어려움이 생길 거예요.

아래의 그래프처럼 국제적인 규모로 보면, 작물 생산 산업의 총생산액은 자동차, 반도체, 의약품 산업의 총생산액을 다 합친 정도로 나올 만큼 커요. 만약 종자들이 잘못되면 엄청나게 큰 문

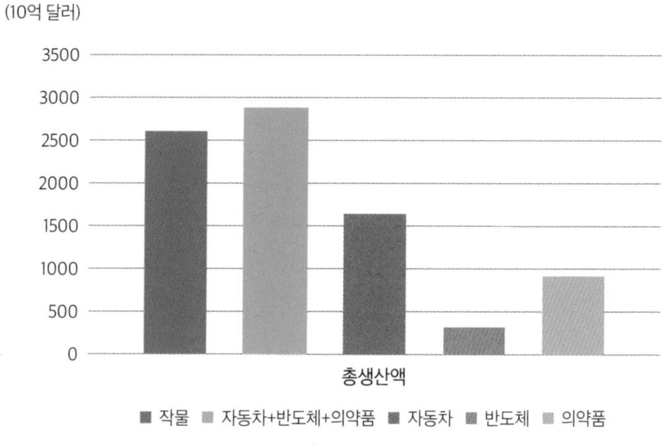

세계 산업의 크기 비교

제가 발생할 거예요. 종잣값이 작물 생산에서 1% 정도 차지한다고 생각해 보세요. 종자 자체의 금액은 적게 느껴지더라도 종자가 작물 생산 산업 전체에 직접적으로 미치는 영향이 매우 크기 때문에 절대 무시할 수 없어요.

Tip

농장을 가 보자

농장에서 가장 즐거운 것은 무엇일까요? 대부분 자연 속에서 쉬면서 맛있는 것들을 먹어 보는 재미라고 생각할 거예요. 실제로 농장을 방문하면 맛있는 먹거리를 경험해 볼 수 있어요. 과일 농장에서 재배된 과일로 만든 주스, 빵, 과자 등을 먹을 수도 있지요. 사람들은 이렇게 자연이 준 음식을 먹으며 건강과 휴식을 누릴 수 있어요.

미실란 밥 카페 반하다

저는 한 농장에서 독특한 경험을 해 본 적이 있어요. 눈앞에 펼쳐진 논에서 자라는 벼를 감상하며 차를 마시고, 그곳에서 재배한 벼로 밥을 짓고 주변 농가에서 재배한 신선한 식재료로 맛있는 음식을 만들어 주는 곳에 갔었지요.

즐겁게 식사를 하며 사람들이 편안하게 쉴 수 있는 이곳은 전라남도 곡성에 있는 '미실란 밥 카페 반하다'라는 곳이에요. 유엔식량농업기구(FAO)에서 모범 농민상을 받으신 박사님께서 직접 운영한다고 해요. 자연 친화적인 연구도 하시며 지금까지 공부한 것들을 실생활에 적용하여 꿈을 펼쳐 나가는 분이지요. 매일매일 성실하게 재배한 쌀, 토란 등 다양한 곡물과 채소를 맛있는 식사로 요리해 사람들에게 대접해요. 쌀에 싹을 약간 틔워 먹는 '발아 현미'도 만들고, 다양한 식품을 개발하여 수출도 한답니다.

우리에게 필요한 많은 것들은 식물에서 나온다

여러 방법으로 다양한 맛을 내며 다양하게 이용되는 식물은 콩뿐만이 아니에요. 가을의 농촌에 가 보면, 논에서 누렇게 익어 가는 벼를 볼 수 있어요. 벼는 우리가 주식으로 먹는 쌀밥을 만들어 줘요. 그런데 우리 한국인들은 쌀 이외에도 벼에서 더 많은 것들을 만들어 이용했어요. 벼에서 쌀을 수확하고 난 다음 남는 부분을 나누어 보면 볏짚, 왕겨, 쌀겨, 싸라기 등이 나와요. 옛날에는 볏짚으로 집의 지붕을 씌우고, 소의 먹이인 여물로도 활용했어요. 또 썩혀서 다음 해 농사를 짓기 위한 비료로도 쓰고, 볏짚으로 신과 모자를 만들어 쓰기도 했어요. 기름도 짜고 과자나 떡 등 음식도 만들었어요. 벼가 생활에 쓰이지 않는 곳이 없을 정도였어요.

그런데 조금 더 생각해 볼까요? 우리에게 식물은 생각할수록 더없이 소중한 존재예요. 지구 위의 모든 생물들은 태양 없이는 살 수가 없어요. 모든 생명의 에너지는 태양에서 출발해요. 식물들은 '광합성'이라는 방법으로 태양에서 지구로 오는 에너지를 활용하여 생장하고 번성해요. 동물은 식물을 먹어서 에너지를 얻고, 우리 눈에 보이지 않는 작은 미생물도 식물을 이용하여 에너지를 얻으며 치즈, 술, 빵, 김치와 같은 발효 식품이나 자동차 연료 등을 만들어 내요.

식물은 지구에 4억 5천만 년 전 즈음에 나타났어요. 그 당시 엄청나게 많은 생물이 살았다고 해요. 이들이 죽어서 땅속에 묻힌 후, 오랜 기간 동안 압력과 열에 의해 만들어진 것이 석탄과 석유예요. 현대 우리의 문명은 이러한 자원이 없었다면 번성할 수 없었겠지요. 지금도 옥수수나 사탕수수 등의 당분으로 바이오에탄올 등을 만들어 에너지로 쓰기도 한답니다.

여러분 집에 식물이 있나요? 어디에 있는지 한번 찾아볼까요? 식물은 조용하게 그 자리에 늘 있어요. 가끔은 마른 잎이 바닥에 떨어져서 치워 주어야 하고, 제때에 물을 주어야 해요. 이래저래 키우는 데 손이 많이 가요. 그런데도 왜 집 안에서 식물을 기를까요? 우리가 집에서 식물을 기르면 무엇이 좋을까요?

식물의 초록색은 우리의 눈과 마음을 편하게 해 주어요. 이산

사람이 식물을 이용하는 과정

화 탄소를 흡수하고 산소를 배출하며 집 안의 습도를 적절하게 맞추어 주기도 해요. 또 어떤 식물은 그윽한 향을 내기도 하고, 예쁜 꽃을 피워 보는 즐거움을 주기도 하지요.

식물은 이렇듯 우리에게 먹거리와 생필품의 소재를 제공해 주어요. 에너지로 활용할 수도 있으며 쾌적한 환경과 정서적인 안정을 가져다주는 등 다양한 역할을 하지요.

여기에 한 가지 더 특별한 것을 제공하는 식물의 예를 들어 볼까요?

2015년 노벨 생리·의학상은 '개똥쑥'이라는 식물에서 나온 말라리아 약에 대한 연구를 한 중국의 투유유 교수가 받았어요.

먼저 말라리아가 얼마나 무서운 질병인지 알아볼게요. 매년 거의 40만 명의 목숨을 앗아 가는 인간 최대의 적은 무엇일까요? 바로 '모기'예요. 이 모기가 옮기는 질병 중에서도 가장 위험한 것이 말라리아예요. 2015년에 세계적으로 말라리아에 감염된 사람은 200만 명이 넘고, 사망자도 40만 명이 넘었다고 해요.

세계 최고 부자 중 한 명인 빌 게이츠는 재단을 만들어 세상의 중요한 문제에 주목하고 해결하는 데 기여했어요. 그중 하나로 말라리아를 지목하고, 우리 돈으로 약 5조 원이 넘는 금액을 투자했어요.

말라리아를 치료하는 물질은 '아르테미시닌'이라고 해요. 투유유 교수는 중국에서 오래전부터 내려오던 의학서에서 착안하여 개발했다고 해요. 이로 인해 말라리아의 치료가 가능하게 되었어요. 이러한 공로로 2015년에 노벨 생리·의학상을 받았어요.

한편 스위스의 제약 회사인 '로슈'는 조류 독감◆에 특효약인 '타미플루'를 독점적으로 생산해서 출시한 해에 약 2조 원을 벌어들

조류 독감 닭, 오리 따위와 같은 가금류와, 야생 조류 등이 걸리는 급성 바이러스 전염병. 조류의 호흡기, 소화기, 신경계 등을 손상시킨다.

말라리아 치료제의 원료인 개똥쑥과 조류 독감 치료제의 원료인 팔각
(출처: 국립생물자원관, 위키미디어커먼스)

였다고 해요. 이 치료제도 '팔각'이라는 식물을 이용해 만든 것이라고 하죠.

우리는 산과 들에서 흔히 보는 잡초를 그냥 지나치곤 해요. 그런데 중요하지 않게 여기던 이런 식물 중에 우리에게 꼭 필요한 약이 있었던 것이죠. 세상의 모든 식물은 자신을 해충이나 불안한 환경에서 보호하고자 많은 물질들을 만들어요. 그 물질들은 우리에게 유용하게 이용될 수 있어요. 오늘날 많은 과학자들이 이러한 새로운 물질을 찾아 질병을 막고 우리 몸을 건강하게 지키는 약품과 식품 등으로 개발하고자 노력하고 있어요.

이런 중요한 신약들을 만들게 하는 식물과 그 '종자'들의 가치는 매우 높아져서, '종자 전쟁'의 시기에 접어들었어요. 각 나라들은 법으로 종자가 함부로 다른 나라에 유출되는 것을 막고 있어요.

종자는 우리가 필요한 것을 담고 있는 보물 창고

〈마션〉이라는 영화는 화성 탐사를 하는 도중 낙오된 주인공이 우주에서 살아남기 위해 고군분투하는 스토리를 담았어요. 이 영화에서 감자는 정말 중요한 역할을 해요. 주인공은 화성의 기지에 낙오되었는데, 남은 식량이 거의 없었어요. 그런데 식사 재료로 쓰이던 생감자를 발견하게 되지요. 감자는 보통 '씨감자'라는 싹이 나 있는 작은 감자로 번식해요. 싹이 나도록 조금 기른 다음에 심는 거지요. 만약 주인공이 감자의 종자인 씨감자를 만들 줄 몰랐다면, 주인공은 동료들이 구하러 돌아왔을 때까지 살아남기 어려웠을 것이고, 이 영화는 비극으로 끝났을 거예요.

이 영화에서 주인공은 감자를 얻기 위해 씨앗이 아닌 감자의 싹을 심었어요. 씨앗의 형태가 아니어도 씨앗의 역할을 하는 것들은 모두 종자에 속해요. 종자는 식물이 성장하는 데 필요한 것들을 공급하는 최소한의 모습으로 존재해요. 종자에는 식물로 성장하기 위해 필수적인 것들을 다 갖추고 있어요. 영화에서 화성의 기지는 종자가 살아가기에 적당한 환경이 아니었어요. 그런데 다행히도 주인공은 식물을 기르는 데 필요한 지식과 도전 의식을 갖추고 있었어요. 생물학자로서의 지식과 우주인으로서의 모험 정신을 보여 주며 위대한 감동을 주었지요.

종자의 가치에 대한 이야기를 본격적으로 해 볼까요? 앞에서 우리는 식물이 생활에 필요한 대부분의 것들을 제공한다는 것을 알아보았어요. 종자는 바로 그 식물이 자신의 유전자를 자식들에게 남겨 주기 위하여 만드는 것으로, 부모 식물의 DNA를 꼭꼭 담아 간직하고 있어요. 다시 말해 우리에게 중요한 많은 자원들, 필요한 것들이 종자 속에 담겨 있다고 해도 지나친 말이 아니겠죠? 종자는 씨앗이나 작은 식물의 형태로 되어 있는데, 최근에는 기술이 발달하여 세포나 인공 씨앗의 형태로도 역할을 할 수 있게 되었어요.

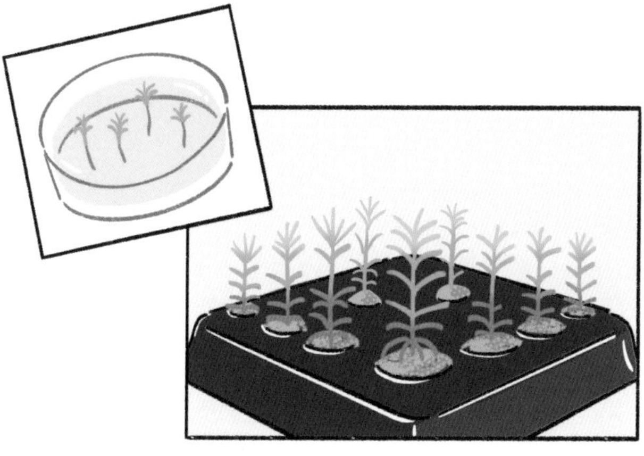

산림청에서 개발한 낙엽송의 인공 씨앗. 종자들이 고르게 싹이 트지 않아 묘목을 키우기 어려운 점을 해결하기 위해 식물의 일부를 실험실에서 키우는 조직 배양법으로 씨앗을 복제하여 개발하였다.

그렇다면 종자의 가치를 어떻게 알 수 있을까요? 이렇게 생각해 보면 어떨까요? 만약 가뭄이 들어 물이 부족하여 쌀, 고추, 배추 등 중요한 작물의 생산량이 반으로 떨어졌다고 가정해 보세요. 이렇게 어려운 환경에 처하면 작물의 품질도 떨어질 거예요. 가치가 30%도 안 된다고 보면, 손해를 본 70%를 어떻게 보충할 수 있을까요?

물 관리를 잘하려면 댐을 짓고 물 공급 시스템을 갖추어야 해요. 180만 톤 정도의 물을 가두는 댐의 경우 건설 비용이 700억 원 가까이 된다고 하니, 가뭄과 홍수를 막기 위해 들어가는 비용은 정말 엄청나요. 만약 가뭄과 홍수에 강한 종자를 개발한다면 비용을 많이 아낄 수도 있을 거예요. 댐의 규모가 바뀌거나 아예 댐이 필요하지 않을 수도 있으니까요.

Tip

종자 창고, 노아의 방주

노르웨이에 속한 극지방에 있는 스발라르 국제종자저장고는 현대판 '노아의 방주'예요. 우리가 수집할 수 있는 세계의 거의 모든 생물의 종자들이 보관되어 있어요. 2020년 기준으로 약 100만 종의 수집종이 보관되고 있다고 하네요. 우리나라는 2021년 기준으로 농촌진흥청 농업유전자원센터에 약 26만 점을 보관하고 있어요. 종자가 얼마나 소중하면 이렇게 조심스럽게 보관하는 걸까요?

벼 종자의 종류도 어마어마하답니다. 필리핀에 위치한 국제벼연구소(IRRI)에 있는 유전자원센터에는 2018년 기준으로 약 22만 점의 벼 종자들이 있는데, 이 중에는 뜻깊은 종자들도 있어요. 동남아시아에 위치한 캄보디아는 1970년대 공산당인 크메르 루주에 의하여 교육과 과학 관련 시설이 거의 모두 파괴되었어요. 그런데 다행히도 캄보디아의 중요한 벼 종자들이 국제벼연구소에 보관되고 있었어요. 캄보디아에 평화가 찾아오고 나라를 재건할 때, 국제벼연구소의 캄보디아 벼 종자는 고향으로 돌아가 벼농사를 재건할 수 있었어요. 캄보디아의 쌀 중에는 세계 최고의 쌀로 평가받는 것도 있었으니 얼마나 다행인지 몰라요.

2014년 캄보디아 쌀이 세계 최고의 쌀로 선정된 것을
기뻐하는 캄보디아 사람들

2장

많은 생명을 살리는 종자

지구를 살리는 종자

아주 오래전 인류는 자연에서 먹을 것을 채집하고 동물을 사냥하면서 살았다고 해요. 채집을 통하여 식량을 확보하는 것은 목숨을 걸어야 하는 위험하고 어려운 일이었어요. 형태가 비슷한 양송이버섯과 큰주머니광대버섯이라는 두 가지 버섯 중 큰주머니광대버섯은 독버섯이에요. 이런 버섯을 잘못 먹으면 생명을 잃을 수도 있으므로 잘 구분해서 채집해야 했겠지요. 예전에는 채집 활동에 동물을 이용했다고 해요.

큰주머니광대버섯 (출처: 국립생물자원관)

양송이버섯 (출처: 위키미디어커먼스)

동물들이 식물이나 고기 등을 먹는 모습을 보면서 무엇을 먹어도 되는지, 안 되는지를 판단했어요. 그 역할을 가장 많이 한 동물들은 지금 우리와 함께 사는 반려동물이거나 가축이었을 것으로 추정하고 있어요.

상상의 날개를 조금만 더 펼쳐 볼까요? 개는 늑대에서 진화했다고 해요. 현재 늑대는 육식 동물이고 식물을 먹지 않아요. 그런데 개는 무엇이든지 다 잘 먹는 잡식성 동물이에요. 어떻게 이렇게 되었을까요?

개는 '동물 사육의 역사'에서 보는 것처럼 17,000~13,000년 전 사이, 그러니까 인류가 농사를 짓기 시작할 무렵과 거의 비슷한 시기에 사람이 키우게 된 것으로 보고 있어요. 개는 야생이었지만 인간과 함께하면서 생김새와 식성이 바뀐 것으로 추측해요. 야생 동물들과 싸우며 살아가는 것은 개와 인간에게 모두 피곤한 일이었을 거예요. 함께 지내면서 서로에게 좋은 점이 많았을 거예요.

인간은 개를 키우면서 여러모로 이익이 많았어요. 인간이 위험에 처할 때 함께 다른 짐승들과 싸워 주기도 하고, 사람보다 음식을 먼저 먹어 보면서 위험한 음식에 대한 정보도 주었을 거예요. 지금도 마약이나 독약, 위험물을 후각과 미각으로 가려 주는 동물이 있잖아요? 그렇게 개는 우리가 무엇을 먹어야 할지를 판단하는 데 도움을 줄 수 있었을 것이고, 인간은 개와 함께 지내며 우리에게 필요한 식물과 동물을 잘 구분하게 되었을 거예요. 썩거나 독이 있는 동식물을 구별하는 데 개의 코만큼 좋은 것이 또

동물 사육의 역사
(자료: PNAS, Carols A, Driscoll, David W. Macdonald, and Stephen J. O'Brien. 2009)

있을까요?

이제 상상을 접고 다시 현재로 돌아와서 생각해 볼게요. 직접 먹어 보거나 개나 가축에게 먹여서 알게 된 안전하고 맛도 좋은 음식은 계속해서 먹으려고 했을 거예요. 우리 조상들은 이러한 식물들을 집 근처에 심어 놓거나 길렀을 것 같아요. 그런데 그 식물들이 이유도 모른 채 죽기도 했겠지요? 아마도 제대로 잘 기르지 못해서 그렇겠지요. 왜 그럴까 고민한 끝에 맛있게 먹은 과일이나 채소, 다 자란 곡식을 캐다가 기르지 않고, 그 씨앗을 싹 틔워 기를 수 있다는 사실을 깨달았을 거예요.

사과를 맛있게 먹고 씨앗을 퉤하고 뱉은 자리에 싹이 나고 커 가는 것을 쉽게 보기는 어려웠을 거예요. 그러나 사람들이 모여서 근처에서 딴 사과를 자주 나누어 먹고 그 씨앗들을 일정한 곳에 계속 버렸다면, 언젠가 그곳에서 사과나무가 많이 자랐다는 사실을 알게 된 사람들이 있었을 거예요.

이러한 사실을 깨닫는 것이 단지 몇 년 만에 가능하지는 않았을 거예요. 수백만 년 전에 지구상에 나타난 인류의 조상이 기원전 9500년경 농사를 시작할 때까지 많은 시간을 거치며 진행된 아주 오래 걸린 일이었죠. 우리는 이것을 '농업 혁명'이라고 해요. 필요한 것을 채집하여 먹던 시대에서 키워서 먹는 시대로 넘어가게 된 거예요. 농업 혁명으로 인하여, 인류는 건강해지고 지능 또한 높아지게 되었어요. 먹을 것이 풍부해지자 식량을 생산하고도 남는 여가 시간이 주어지게 되었어요. 이때 인류는 다양한 여가 활동을 하게 되었죠. 또한 도시가 발달하고 사회가 분화했고 다양한 직업도 생기게 되었어요.

여기서 잠시 지금까지 했던 이야기를 한번 정리해 볼까요? 최초의 인류가 농사를 짓게 되면서 문명이 생기고 도시가 발달하게 되며, 직업이 다양해졌다고 했는데, 이 모든 일이 가능해지게 한 것은 바로 종자예요.

'종자' 또는 '씨앗'이 나무가 되어 주렁주렁 열매를 맺고 풍부한 곡식을 생산하며 우리 인류의 배를 채워 주었어요. 실감이 안 가나요? 그럼 이렇게 생각해 보세요.

벼의 예를 들어 볼게요. 벼 종자 1개를 싹을 틔워 심으면 가을에 1,000개 이상의 종자가 맺혀요. 1년이면 1,000배가 되네요. 열대 지방은 1년에 두 번도 거두니 백만 배가 될 거예요. 벼 종자 1개에서 몇 년이면 잠실 야구장을 거의 다 채울 수 있는 어마어마한 양의 종자를 거두는 셈이에요.

옛날의 농민들, 아니 정확하게 말하면 왕들은 이러한 종자의 놀라운 배수의 법칙에 관심이 많았어요. 왕들과 귀족들은 영토를 확장하고 세력을 늘리는 데 필요한 병사들을 먹일 식량이 가장 중요한 관심사였어요. 땅이 넓다는 것은 식량을 많이 생산할

2018년 세계 곡물 생산량 (자료: FAOSTAT)

수 있다는 의미였어요. 땅이 넓으면 넓을수록, 식량을 생산하는 효율은 더 좋아지고, 종자 1개로 수백 수천 배의 종자를 만들어 내니, 국가의 힘은 더 커질 수 있었지요.

오늘날에도 강대국들이 거대한 영토를 가지려고 하는 이유는 식량이 곧 부강한 나라를 키우는 데 필요한 것임을 잘 알고 있기 때문이에요. 위의 세계 지도를 보세요. 색이 진할수록 곡물 생산량이 많다는 것을 나타내요. 색이 진한 나라들은 대부분 땅이 많이 넓지요?

2020년 기준으로 우리나라는 식량 자급률이 약 45% 수준이라고 해요. 다시 말해, 우리의 먹거리 중 55%가 외국에서 수입되고 있어요. 우리나라는 국민의 모든 먹거리를 생산하기엔 땅이 너무 좁아요. 이런 상황에서도 많은 인구가 잘 먹고 잘살 수 있다는 것은 나라 경영이 잘되고 있다는 것을 의미해요. 하지만 기후 변화나 나라의 살림살이가 어려워지면 언제든지 식량 위기가 올 수 있어요.

Tip

종잣돈과 성경의 달란트

투자나 사업을 시작할 때에는 자금이 필요해요. 이런 돈을 '종잣돈'이라고 해요. 돈을 종자에 비유하는 이유는 처음에 쓰인 작은 돈이 사업을 시작하는 데 많은 도움을 주어 더 큰 성공을 가져다주기 때문이에요.

종자는 식물이 되어 생을 다할 때마다 더 많은 종자를 만들어서 번식하고 세상을 풍요롭게 만들어요. 그러나 이를 위해서 반드시 필요한 조건이 있어요. 그것은 종자가 알맞은 땅에 떨어지거나 심어지고 적합한 환경에서 싹이 트고 자라나야 한다는 점이죠. 종자를 손에 쥐고 아무것도 하지 않으면 그냥 몇 톨의 씨앗에 불과해요. 하지만 종자를 바르게 재배하는 노력을 실천한다면 엄청난 보상을 가져다줘요. '종잣돈'은 시작을 위한 돈이면서도, 작은 것을 크게 만드는 노력을 필요로 하는 돈이라는 점에서, '종자'의 가치와 비슷해요.

성경에서 예수님의 '달란트 비유'는 이러한 점에서 생각해 볼만 해요. 세 명의 하인을 둔 주인이 여행을 다녀오게 되었는데, 한 명에게는 5달란트, 다른 한 명에게는 2달란트, 남은 한 명에게는 1달란트를 주고 떠났어요. 주인이 떠나 있는 동안 5달란트, 2달란트를 받은 하인은 그 돈을 '종잣돈' 삼아서, 두 배로 불렸어요. 1달란트를 받은 하인은 땅속에 묻어 두었어요. 그 하인은 주인이 돌아오자 손해를 보지 않았다고 하면서 1달란트를 내밀었어요. 아마도 그 하인은 '종잣돈'을 그냥 '종자'라고만 생각했던 것일까요? 땅속에 그냥 묻었으니 말이에요.

그러자 주인은 사업을 하여 돈을 불린 두 하인은 매우 칭찬하였지만, 1달란트를 받고 그대로 둔 하인은 달란트를 빼앗고 쫓아냈어요. 가지고 있는 종잣돈의 크기가 문제가 아니었어요. 그것을 가지고 아무런 노력도 하지 않았기 때문이었어요.

각자에게 있는 재능을 '종자'라고 해 볼까요? 그것은 모두 다른 모습으로 자라날 거예요. 개개인의 역량보다 더 중요한 가치는 그 재능을 잘 키우고 활용하여 세상을 유익하게 하는 힘이 아닐까요?

식물은 소중하다

우리 인간은 식물에서 끊임없이 영양분과 좋은 것들을 얻어 왔어요. 국립생물자원관에 따르면 2021년 기준으로 우리나라에는 5,657종의 식물들이 스스로 살아가고 있다고 해요. 이 중에서 약 700종이 약으로 쓰인다고 해요. 또 우리가 다양한 방식으로 재배하여 이용하는 중요한 작물의 수는 300종 정도라고 해요. 어떤 식물은 재배가 되지 않아 채집하여 약으로 만들어 쓰지만, 어떤 것은 길러서 쓰기도 해요.

어떤 식품이 몸에 좋다고 해서 그 식품을 꼭 약으로 쓰는 것은 아니에요. 우리 몸을 평소에도 건강하게 유지하기 위한 필수적인 영양분을 공급해 주는 식물들을 '식용 작물'이라고 해요. 주로 에너지와 필수 영양소를 공급해 주죠. 한편 우리 몸이 아플 때, 병을 치료하거나 예방하는 데 도움을 주는 식물이 있어요. 이 식물들은 특별한 물질을 생산해서 약을 만드는 데 쓰여요. 이러한 식물을 '약용 작물'이라고 해요. 그리고 식용 작물처럼 많은 에너지를 공급하지는 않지만, 우리에게 먹고 보는 즐거움을 선사하는 식물이 있지요. 보통 채소, 과일, 꽃과 같은 식물들인데 '원예 작물'이라고 해요.

허준은 조선 시대 명의로서 《동의보감》이라는 책을 써서, 각종 병에 대한 설명을 하고 이를 치료하는 약초들에 대한 정보를 많이 남겨 주었어요. 또 서유구라는 조선 후기의 실학자도 《임원경제지》라는 일종의 백과사전을 썼는데, '관휴지'라는 부문에서 식용 작물과 약용 작물에 대한 자세한 기록을 남겼어요. 이러한 분들 덕분에 우리나라에 있는 중요한 식물들에 대한 기록들을 지금도 볼 수 있어요.

약으로 사용되는 식물들을 너무 과하게 섭취하면 독이 되어 위험해요. 하지만 밥은 아무리 많이 먹어도 배가 심하게 부를 뿐, 독 때문에 위험해지지는 않아요. 그렇기 때문에 밥은 매일 먹을 수 있지요. 이렇게 매일 먹어도 안전하고 우리에게 에너지와 필수 영양소를 공급해 주는 작물을 '식량 작물'이라고 해요. 이런 식량 작물은 자라는 곳의 자연 상황에 맞추어 오랜 역사에 걸쳐 재배되었어요. 또한 식량 작물과 함께 우리의 식사를 더욱 풍성하게 만들어 주는 다양한 채소, 과일, 향신료, 꽃, 나무 등이 함께 어우러져 우리의 식탁과 생활이 매우 다양해졌지요.

Tip

식물은 인간을 이용한 것일까?

리처드 도킨스라는 영국의 진화 생물학자는 《이기적 유전자》라는 책을 썼어요. 이 책에서 생물은 유전자가 가장 많이 번성하는 방식으로 진화한다고 해요. 우리의 몸에는 세포가 있어요. 세포 속에 핵이 있고, 그 안에 DNA가 있어요. DNA에 유전자가 있어요. 그 유전자가 우리가 살아가고 변화에 적응해 가는 데 주도적인 역할을 한다고 해요.

리처드 도킨스 (출처: 위키미디어커먼스)

유발 하라리
(출처: 위키미디어커먼스)

《사피엔스》라는 책의 저자인 유발 하라리는 재미있는 생각을 했어요. 쌀이 엄청난 칼로리를 제공하는 작물이기 때문에 인구 증가에 큰 역할을 했다는 점에 착안을 했어요. 개인에게 있어서 벼 재배의 노동은 고통이지만, 인류 전체 관점에서 보면 인구 증가에 큰 기여를 했고, 벼의 유전자는 끝까지 살아남아 번성할 수 있었죠. 이는 결국 칼로리 때문이라고 할 수 있겠지요?

실제로 아시아에서 쌀을 소비하는 나라들의 인구가 매우 높은 것을 보면 이해가 되지요.

벼를 제외한 많은 식량 작물들의 고향은 지금의 페르시아와 중동 지역의 '비옥한 초승달 지역'이라고 해요. 아마 이 지역에서도 칼로리를 많이 공급받고자 하는 인간의 필요 때문에 곡물들이 재배되었을 거예요. 곡물의 유전자는 인간이 필요로 하는 칼로리를 공급해 주고 자신들의 유전자를 널리 퍼트리게 된 것이죠.

이러한 '유전자들의 요구'로 노동의 고통은 감수한 채 벼의 대량 생산이 이루어졌을 거예요. 우리는 그 모습을 왕과 귀족들이 농민과 노예들에게 노동을 강요하는 모습에서 찾아볼 수 있어요.

우리가 먹을 것이 부족했을 때에도 '흰쌀밥'은 경제 발전의 상징이었어요. 왕과 귀족들만 누렸던 호사를 평범한 사람들도 누리고 싶어

했지요. 정말 사람들은 열심히 일했어요. '새마을 운동'에 의한 식탁의 가장 큰 변화는 흰쌀밥과 풍성한 반찬들이었어요.

그렇게 쌀은 우리 식탁의 중심이 되었어요. 밀, 옥수수, 쌀, 감자 등 주요 곡물들은 그렇게 각 지역에서 사람들을 길들이고, 사람들은 열심히 이 곡물들을 더 많은 지역에서 생산하게 되었어요. 결국 최종 승자는 어쩌면 밀, 옥수수, 쌀, 감자 등 식량 작물들 안의 유전자가 아닐까요?

3장

더 좋은 종자는 어떻게 만들까?

우리에게 이로운 식물, 작물의 기원

지구에는 얼마나 많은 식물이 있을까요? 현재 세계적으로는 약 39만 가지의 식물종이 있다고 하니, 약 40만 종이 있다고 생각하면 될 것 같아요. 그런데 우리나라에는 얼마나 많은 식물들이 있을까요? 우리나라 국립수목원에 따르면 1만 4,900종 정도 된다고 보고 있어요. 그렇다면 세상에 존재하는 식물 중 3.7% 정도가 우리나라에서 발견된다고 볼 수 있지요.

그런데 이렇게 한번 생각해 볼까요? 세계 전체 육지 면적은 약 1억 5천만㎢가량이고, 우리나라는 10만㎢ 정도예요. 우리나라 육지 면적은 세계 전체 육지 면적의 0.07%밖에 안 되는 셈이죠. 그런데 어떤가요? 세상의 식물 중에 3.7%나 되는 종이 있지요? 물론 중복된 것도 많겠지만, 이를 감안해도 땅의 크기에 비해 50배가 넘는 다양한 식물종이 살고 있다는 것을 알 수 있어요. 우리나라는 계절의 구분이 있고, 산이 많아 지형이 복잡해요. 바다에 둘러싸여 있으면서도 대륙과 큰 섬이 주변에 있는 지형이어서 이런 다양성이 생겼지요.

앞에서 우리는 작물이 무엇인지에 대해서 잠깐 이야기해 봤어요. 작물이란 인간이 직접 활용하거나 또는 이익을 얻기 위하여 기르거나 채집하거나 수확하는 식물을 의미해요. 자연 속에서 자유롭게 자라던 식물들이 어느 날 인간에게 활용되기 시작했는데, 처음에는 인간이 채집하여 활용했을 것으로 추측하고 있어요. 여러분은 얼마나 많은 식물을 알고 있나요? 생각나는 식물 이름을 한번 적어 보세요. 여러분들이 떠올린 식물은 이미 먹어 봤거나 어디선가 본 적이 있거나 또는 어떤 제품에 함유되어 있는 것을 써 봤다든지 등 여러 경험을 통해 알게 된 것이겠지요. 이처럼 작물은 우리에게 많은 것을 나누어 주는 소중한 존재예요.

그런데 작물은 전부 또는 일부가 인간에게 이용되는 대가로 인간과 함께 온 세상에 퍼지게 되고 번성하게 되었다는 점을 생각해 본다면, 꼭 작물이 사람에게 이용만 된 것 같지는 않아요. 유발 하라리라는 역사학자가 설명한 대로 작물도 우리를 이용하여 번성하였고, 우리는 그들의 더 많은 번성을 위해 돌보는 셈이니까요. 농촌진흥청에 따르면 우리나라에는 약 3,000종의 작물이 재배되는데 그중 1,070종을 먹을 수 있고, 300종은 아주 활발하게 활용된다고 해요.

다음의 식물 분류도를 한번 볼까요? 큰 나무처럼 보이지요? 자세히 보면 서로 비슷한 것끼리 모여 있는 것을 알 수 있는데, 형태적으로 유사한 것끼리 연결 지어 보면 진화적인 연결 관계를 볼 수 있어요. 이것을 '계통수'라고 해요. 우리 주변에서 볼 수 있는 식물들은 주로 형태나 특성에 따라 이름이 지어져요. 이런 식물들과 유사한 형태나 특성의 식물이 발견되면 서로 비슷한 이름을

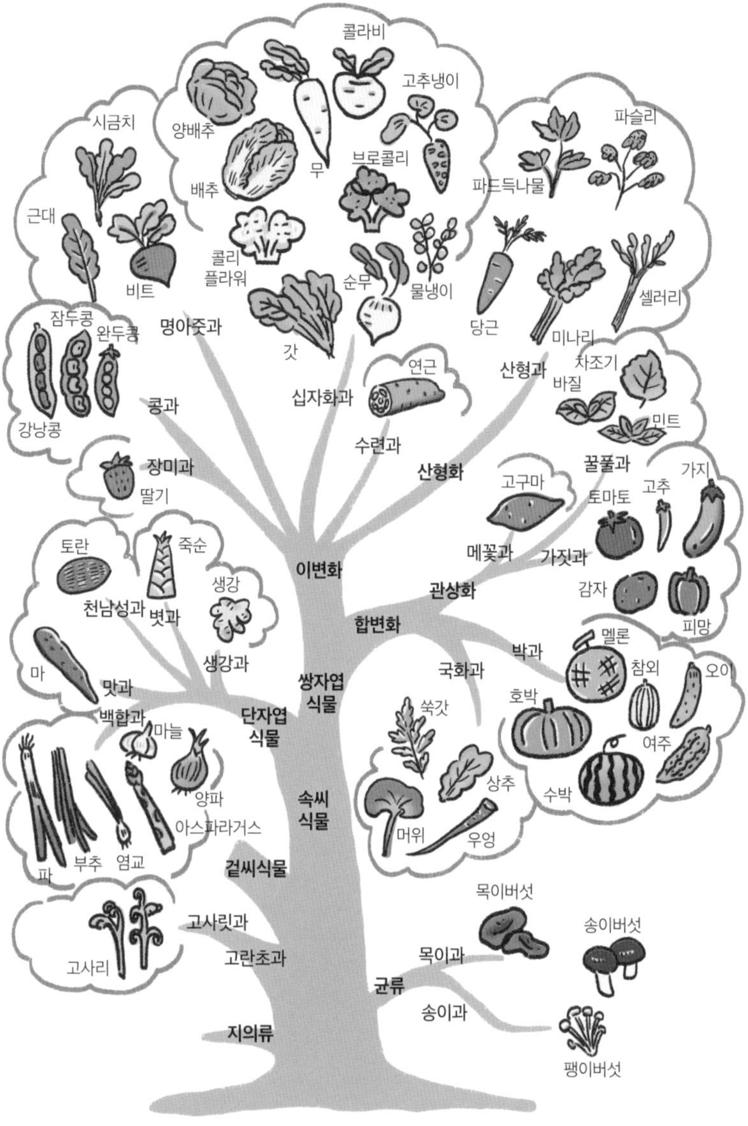

작물을 포함하는 식물의 계통수

(자료: Sinohara, Y(2014): Fundamentals of Vegetable Science, Noubunkyo, Tokyo, p. 7[In Japanese])

갖게 되지요. 그런데 어떤 경우엔 전혀 비슷하지 않은 것 같은 식물끼리 묶여 있는 것을 알 수 있어요.

계통수를 보면 가짓과에 토마토와 감자, 고추가 있지요? 열매 꼬투리가 가지와 비슷하다는 공통 특성에 따라 묶이게 되었어요. 백합과에는 파, 마늘, 부추가 있네요. 모두 비늘 뿌리를 이용하는 식물이죠. 국화과에는 상추와 우엉이 있어요. 이용 부위만 보고는 비슷한 점을 알아보기 힘들죠? 식물학자들은 실제 식물이 자랄 때의 형태와 습성을 모두 고려하여 분류하기 때문에 이용 부위뿐만 아닌, 다른 공통 특성을 가지고 있는 경우도 고려하여 계통수를 봐야 해요.

러시아의 바빌로프 박사는 《재배 식물의 기원 중심지》라는 저서에서 작물의 기원에 대한 이론을 세우고, 1940년에는 8개의 중심지를 발표했어요. 일제 강점기였던 그 당시 우리나라에도 방문해서 식물들을 관찰하고 작물 자원을 수집해 갔다고 해요. 그런데 바빌로프 박사는 우리나라를 작물의 기원지로는 여기지 않았던 것 같아요. 그러나

바빌로프 박사 (출처: 위키미디어커먼스)

이후 1998년에 라디진스키 박사에 의하여, 우리나라의 구역과 이름이 당당하게 세계 작물의 기원지에 들어가게 됐지요. 특히 우리나라는 콩과 작물의 기원지로서 중요한 위치를 차지하고 있어요.

작물의 8대 기원지

우리나라가 포함된 작물의 8대 기원지

콩의 다양한 종자 사진 (출처: 위키미디어커먼스)

사실 우리나라는 다양한 콩을 이용한 음식과 장류를 오래전부터 많이 이용해 온 나라로, 콩과 작물의 기원지로 선정될 만한 문화 및 환경을 갖추고 있어요.

우리나라 충청북도 청주시의 소로리에는 세계에서 가장 오래된 볍씨가 나왔어요. 지금도 그 주변은 벼농사가 한창이지요. 오래된 볍씨의 모습을 한번 볼까요? 이 고대 벼 또는 유사 벼◆를 탄소 연대 측정법◆으로 연대를 추정해 본 결과, 현재로부터

유사 벼 벼와 유사한 것으로 벼와 같은 생물종은 아님.

탄소 연대 측정법 생명체에 포함되어 있는 탄소의 방사능 변화를 측정하여 얼마나 오래되었는지를 아는 방법.

(위)소로리 볍씨 / (아래)유사 벼 출토 모습
(출처: 충북대학교 박물관)

13,000~15,000년경 전일 것으로 추정해요. 중국도 화석 유적을 통하여 공식적으로 밝힌 벼농사의 역사를 12,000년 전쯤으로 보기 때문에 소로리 유적이 중국의 어느 유적보다도 오래되었다는 것을 알 수 있지요. 이는 우리나라의 벼 재배 역사가 세계에서 가장 오래되었음을 의미해요. 어때요? 우리나라는 당당히 세계적 작물 기원지로서의 자격을 갖추고 있지요?

종자의 발견

여러분은 길을 걷다가 자연에서 새로운 발견을 해 봤나요? 요즘은 너무나 바쁘고, 우리가 사는 공간도 워낙 인공적이어서 자연에서 무언가 새로운 발견을 하기는 참 어려울 것 같아요. 그러나 40만 종의 식물 중 우리가 활용하고 있는 식물은 3,000여 종으로 1%도 채 되지 않아요. 그렇다면 아직도 우리에게는 식물을 작물로 활용할 기회가 99%나 남아 있는 셈이에요. 여러분도 위대한 발견자가 되고 싶지 않나요?

그러려면 아마도 길을 잘 살펴야 할 수도 있어요. 가로수 밑에서 미처 처리하지 못한 잡초가 남아 있을 수도 있고요, 정원에서 날아 들어온 씨앗이 싹 터 있을 수도 있어요. 학교에서 견학 간 농장이나 소풍 간 산과 들에서도 기회를 찾아볼 수 있어요. 아무것도 보이지 않던 저 들판이 무수한 식물과 곤충, 동물로 가득 차 있다는 것을 깨닫는 순간, 자연은 정말 풍요롭고 활기차다는 사실을 알게 될 거예요.

우리들의 먼 조상들도 그렇게 식물을 먹고 쓰기 위해서 무수히 많은 식물들을 시험해 봤을 거예요. 그중에는 위험한 것들도 있었겠지만, 결국에는 우리 생활에 잘 활용할 수 있는 것을 찾아내고 발견했을 거예요. 대부분 우리가 살아가는 공간에서 그리 멀지 않은 곳에 있는 것들 중, 비교적 발견하기 쉬운 식물이 살고 있는 곳을 기억해 두었다가 채집을 하고 그다음에는 아예 그 식물을 캐다가 옮겨 심었을 거예요. 간혹 그 장소를 잊었거나 어떤 이유로 그 식물이 사라지게 된 경우도 경험했을 거예요. 그렇게 수많은 경험을 통해 식물을 캐다가 옮겨 심는 것보다 그 식물에서 나온 씨앗을 훑어서 심으면 된다는 사실을 깨달아 갔어요.

그러고는 마을의 어떤 장소에 그 씨앗을 뿌려 봤을 거예요. 처음에는 잘 자라지 않았을 것 같아요. 왜냐하면 그 장소는 원래 그 식물이 자라던 곳과 같은 환경이 아니었을 테니까요. 씨앗이 원래 살던 곳의 온도, 수분, 흙의 특성, 다른 동식물과의 관계 등 너무 많은 것들이 다르면 잘 자라지 않는다는 점을 알게 된 사람들은 그 식물들이 잘 자라는 환경에 대해 스스로 공부했을 거예요. 그런데 식물도 생물이기 때문에 인간이 만들어 놓은 환경에 적응했어요. 이렇게 인간과 식물이 함께 진화하면서 드디어 인간의 삶에 식물이 '작물화'되고, 새로운 역사가 시작되었지요.

'토종'이란 것은, 이렇게 인간과 식물이 함께 살게 되면서 형성된 '초기 작물'이라고 볼 수 있어요. 토종들은 인간에게 재배되면서도 여전히 원래 자신의 모습을 지니고 있어요. 다시 말해, 인간이 작물을 기르려는 목적뿐 아니라, 자연으로부터 자신을 지키며 살아가는 어떤 특성들도 여전히 지니고 있는 것이지요.

예를 들면 인간은 벼에게서 많은 양의 씨앗을 얻고 싶어 했을 테고, 벼는 많은 씨앗을 만드는 것보다 끝까지 살아남을 수 있는 능력이 더 필요했을 거예요. 그래서 병과 벌레에 강한 특성이나 날씨가 좋지 않아도 살아남을 수 있는 적응력을 키우는 것이 더욱 중요했어요. 인간들이 '재배'라는 방법으로 이러한 불리한 환경을 해결해 주었어요. 작물들은 저항력을 키우는 데 에너지를 소비하지 않고, 인간들이 바라는 대로 마음 놓고 더 많은 씨앗을 생산하게 되었어요. 이렇게 긴 시간을 통해 본다면, '토종'은 꼭 옛날 것일 필요는 없어요. 지금 우리가 기르는 어떤 작물도 미래에서 바라보면 '토종'이 될 수 있는 것이겠지요.

Tip

토종을 모으는 사람들과 토종의 의미

벼의 경우, 우리나라 농촌진흥청의 발표에 따르면, 약 300여 종의 품종이 있다고 해요. 이 품종들은 대부분 어느 특정 품종을 부모로 해서 개량된 것들이에요. 아주 초기의 품종들은 우리 인간들이 원하는 높은 씨앗 생산 능력, 맛, 향기, 가공 특성, 쉬운 재배 방법, 식물의 형태 등의 다양한 특성으로 개량되었지만 완전하다고 여겨지지는 않았어요.

우리 인간들이 계속 새로운 것을 추구하고 상상하는 만큼, 벼에게 바라는 특성이나 기준 또한 달라지게 되었어요. 따라서 다양하고 지속적인 개발이 필요하게 되었지요. 1950년대에 개발된 벼를 그 당시 사람들이 완벽하게 여겼을지라도, 지금은 또 다른 요구와 그에 따른 목표에 따라 개발되고 있어요. 결국 1950년대의 벼는 지금의 벼에 비해서 더 '토종적'이라고 말할 수 있고, 우리의 벼는 계속 발전해 왔고 발전해 나갈 것이라는 말을 하고 싶어요.

토종을 모으고 정리하는 사람들이 있어요. 사실, 이미 많은 연구 기관과 대학, 민간 육종가들은 토종 식물을 엄청나게 모으고 있어요. 이는 우리가 혹시 잊었을 수도 있는 중요한 유전자원을 모으는 데 의미가 있어요. 더 깊은 의미를 살펴보면 토종 식물을 수집하고 알아 가는 과정에는 우리가 살았던 삶과 생각, 문화, 사회를 이해하는 노력과 관심이 더욱 중요해요.

토종 벼는 고유한 향과 찰기가 있어요. 또한 밭에서 잘 자라는 특성이 있어요. 우리 선조들은 그 벼들을 기르고, 수확하여 정성스레 술을 빚고 중요한 제사상에 올리기도 했어요. 이 땅에서 나오는 음식을 선조들에게 바치고 함께 나누는 과정은 마음을 따뜻하게 해요. 토종을 사랑하는 마음은 우리가 살아가는 땅과 자연, 그리고 그 안에서 함께 살아온 사람들을 사랑하는 마음에서 나온 것이라고도 볼 수 있어요. 토종에는 이러한 마음이 씨앗의 모양과 형태로 남아 있어요.

이렇게 보존된 토종에 대한 가치는 현대에 와서 굉장히 중요한 모습으로 재현되고 있어요. 우리가 잊고 있던 가치, 그 안에 숨어 있던 유전자의 가치가 재조명되기도 해요. 엄청난 발견으로 평가받아 노벨상을 받기도 하고, 종자 산업에 활용되기도 했어요.

종자의 개발

아주 오래전부터 우리 인간은 잘 먹고 잘살기 위해 자연을 이용했어요. 권력자들은 사회와 정치가 발전하게 되면서 이러한 자원이 나라를 강하게 하는 데 필수적이라는 것을 알게 되었어요. 유럽의 중세 시대에는 인간보다 신이 세상의 중심이었기 때문에, 물자를 많이 소유하고 부강한 것이 항상 좋은 것을 의미하지는 않았어요. 시대에 따라서는 물질적 가치보다는 정신적 가치, 체면 등을 더 중요하게 여겼기 때문에 물질적으로 부유한 것은 타고난 신분이나 정신적 훈련과 공부 등에 비해 가치를 낮게 보았어요.

그러나 종교 개혁과 르네상스로 대표되는 사회적인 대변혁을 겪은 유럽에서는 더 큰 힘을 갖고 싶어 하는 왕과 귀족들이 나타났어요. 점차 땅의 경계가 분명해지고, 그 안에 사는 사람들의 소속이 더 명확해지는 세상이 되었어요. 그 당시 왕과 귀족의 부를 결정하는 사람들은 누구였을까요? 바로 농민들이었어요. 왜냐하면 농민들이 그 땅에서 농사를 지어 식량과 물자를 생산해야만 나라가 부강해질 수 있었기 때문이에요. 결국 창고에 얼마나 많은 식량과 물자가 있는지가 부의 기준이었고, 따라서 왕과 귀족들은 생산량을 늘리는 연구를 지원하고 그 방법을 가르치도록 했어요.

자연스레 농업 생산성을 높이기 위한 공부인 '농학'을 발전시키게 되었어요. 농학은 당시에도 매우 복합적인 학문이었어요. 생물학과 토양에 대한 공부뿐만 아니라, 이것을 잘 관리하기 위한 경영학, 생산 효율과 품질을 연구하기 위한 통계학, 그리고 농기구와 기계의 개발에 이르는 다양한 관점에서의 연구와 개발이 시작되었어요. 미국의 많은 대학들도 대부분 농업 대학에서 출발했다고 해도 과언이 아니에요. 우리나라에 있는 많은 국립 대학교 또한 농업 대학에서 출발했다고 해요.

농업 생산성과 이와 관련된 것을 공부하는 학문인 '농학' 중에서도 식물을 연구하는 학문으로는 작물학, 원예학, 조경학, 임학 등의 기본 학문 이외에 농생물학, 농화학, 농공학, 식품 공학, 임산 공학, 천연물학 등 다양한 응용 학문들도 있어요. 심지어 농업 대학을 잘 살펴보면 경제, 경영, 교육, 사회학 분야까지 굉장히 많은 학문들이 결합되어 있는 것을 볼 수 있어요. 제가 몸담았던 국제벼연구소에서는 벼를 연구하기 위하여 여성학, 지리학, 화학, 기계학, 정보 통신, 국제 경제, 인류학, 교육학에 이르는 다양한 학문 분야의 사람들이 모여서 식물로써의 벼가 아닌, 우리 먹거리 산업에서 중요한 식량이며 자원인 벼와 쌀, 그리고 그것이 우리 인간 세계에 미치는 영향까지도 연구하고 있어요.

자, 그럼 우리에게 필요한 식물 자원을 많이 개발하고 더 좋은 품질로 만들려면 어떤 공부를 해야 할까요? 저는 두 가지가 핵심이라고 봐요. 하나는 종자를 개발하고 관리하는 '육종'이고, 다른 하나는 그것을 기르는 방법에 대한 연구인 '재배'예요. 육종과 재배가 가장 중요한 핵심이고, 이 두 가지를 잘하기 위하여 학자들은 다양한 관점에서 연구하고, 또 많은 기술자들이 신기술을 개발하게 되지요.

육종은 품종을 개발하는 작업 또는 단계를 말하며, '육종학'은 육종을 하는 방법과 이론에 대한 학문이에요. 육종학은 우리가 필요로 하는 종자를 개발하고 관리할 뿐 아니라, 어떻게 보급할지를 중요하게 보고 있어요. 1900년대 중반에는 왓슨과 크릭이라는 학자들의 연구로 육종에 많은 변화가 찾아왔어요. 그때까지만 해도 좋은 종자를 얻는다는 것은 자연에서 발견한 식물을 여

DNA 이중 나선을 설명하고 있는 왓슨과 크릭 박사

러 과정을 거쳐 따로 특별히 관리하여 좋은 집단을 만들거나, 어떤 식물끼리 서로 교잡◆하여 새로운 식물들을 개발하는 것이었어요. 그런데 1953년에 왓슨과 크릭이라는 두 학자가 DNA 구조를 밝힘으로써, DNA를 이해하고 육종에 활용할 수 있게 되었어요.

그럼, 육종가들이 개발하려고 하는 좋은 종자란 무엇일까요? 물론 우리가 원하는 어떠한 용도에 적합하게 만든 종자를 좋은 종자라고 하겠지요. 이렇게 종자를 개발하는 단계를 간단히 표현해 보면, 다음과 같아요.

품종을 개발하는 단계

변이 창출 '변이'라는 것은 어떤 식물이 여러 가지 방법으로 모양이나 형태, 특징이 다른 것을 설명하는 말이에요. '창출'이란 전에 없던 새로운 것을 지어내거나 만들어 낸다는 의미지요. 즉 어떠한 방법을 활용하여, 새로운 식물이 되게 한다는 뜻이에요.

선발 그런데 '변이'가 생긴 식물을 심어 보면, '멘델의 법칙'에서 설명되듯, 여러 개로 다르게 생긴 식물이 나오게 돼요. 우리는 그

교잡 계통, 품종, 성질이 다른 암수의 교배.

중에서 원하는 것을 찾아야 하는데, 그것을 '선발'이라고 해요.

고정 선발된 식물에서 나온 종자를 심어도 그 딸, 손녀로 계속 식물의 형태나 특징이 분리돼요. 이에 유전학의 법칙을 잘 적용하여 균일하게 만드는 과정을 거쳐요. 이를 '고정'이라고 해요.

증식 이렇게 고정된 식물에서 종자를 많이 얻은 후, 우리가 재배해야 할 환경에 적합한지를 알아봐야 해요. 이렇게 해서 식물을 증식하여 최종적으로 개발된 식물이 목표에 맞는지를 검토하게 돼요.

보급 '구슬이 서 말이라도 꿰어야 보배'라는 속담이 있어요. 아무리 귀하더라도 쓰이지 않으면 쓸모가 없다는 말이지요. 육종의 목표는 반드시 활용되는 것에 있어요. 다시 말하면 쓰이지 못하는 종자는 그 가치가 없다는 말이지요. 종자를 보급하여 활용하는 단계부터는 경영과 정책, 사회와 문화를 이해하는 탁월한 경험과 지식이 필요해요.

이것을 잘하기 위해서 새로 개발된 종자는 '특허'나 '품종 등록'이라는 과정을 거쳐, 종자로서의 가치를 공인받게 돼요. 다시 말해 정부가 이 종자는 사용해도 되는지를 평가해 준다는 것이죠.

새로운 종자임을 인정하는 '품종 등록'의 기준은 다음 표를 보면 알 수 있어요.

좋은 종자를 개발하는 것과 더불어 종자를 잘 관리하고 보급

신규성 기존에 사용되지 않았어야 한다.

구별성 알려진 품종과 한 가지 이상 명확히 구별되어야 한다.

균일성 품종의 특성이 예상되는 수준에서 충분히 균일해야 한다.

안정성 본질적인 특성이 증식을 여러 번 하여도 변하지 않아야 한다.

품종 명칭 고유한 이름을 가져야 한다.

새로운 종자임을 인정하는 '품종 등록'의 기준 (자료: 국립종자원)

하는 것도 매우 중요해요. 종자 관리와 보급이 미치는 영향에 대한 한 가지 예를 들어 볼까요?

여러분, 혹시 건강 보조 식품을 먹어 본 적 있나요? 대부분의 건강 보조 식품에는 몸에 좋다고 잘 알려진 식물 성분이 함유되어 있어요. 그런데 만약 그 식물 성분이 몸에 해롭다고 밝혀졌다면 어떨까요?

우리는 식물에 대하여 잘 알고 있는 것 같아도 실은 잘 모르는 경우가 많아요. 식물 이름을 몇 가지나 아는지, 그리고 그 식물들을 구별할 수 있는지 생각해 보세요. 생각보다 쉽게 떠오르지 않을 거예요.

2015년에 이른바 '백수오 사태'라는 일이 있었어요. 백수오는 여성 호르몬인 에스트로겐 분비에 도움을 주어 여성에게 좋다고 알려져 아주 큰 인기를 끌었어요. 그래서 큰 회사들이 백수오를 이용한 사업을 펼쳤어요. 그런데 판매되고 있는 백수오 상품에 백수오가 아닌 이엽우피소라는 식물이 함유되어 큰 문제가 되었어요.

사진을 보면 백수오와 이엽우피소, 그리고 비슷한 이름의 하수오를 볼 수 있어요. 한눈에 구별하기가 어렵지요? 특히 뿌리 부분을 이용하기 때문에 소비자가 이를 쉽게 구별하기는 어려워요. 그런데 문제는 사람들이 이 식물의 종자를 사다가 직접 길러서 먹기도 했다는 것이에요. 사실 재배는 그리 어렵지 않지만 문제는 구별이 힘든 이엽우피소를 함께 길러서 먹기도 했다는 점이지요.

백수오 (출처: 국립생물자원관)

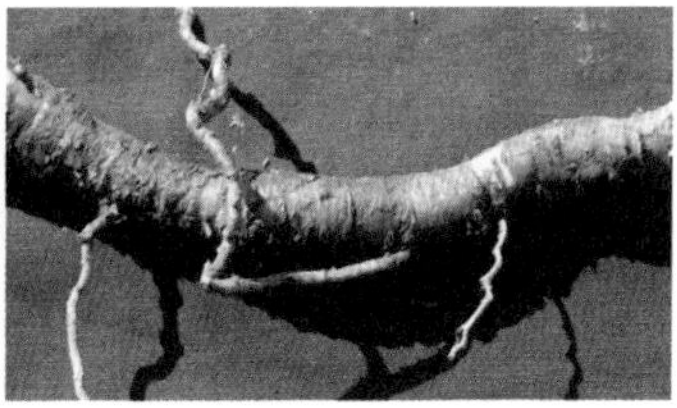

이엽우피소 (출처: 국립생물자원관)

하수오 (출처: 국립생물자원관)

이엽우피소는 당시 식품의약품안전처의 기준에 따르면 독성이 있어서 식품으로 이용이 금지되었어요.

심지어 백수오와 하수오는 이름도 비슷해서 사람들이 이름을 엉뚱하게 바꾸어 부르기 시작했어요. 백하수오, 적하수오 이런 식으로요. 그러나 엄연히 원래 이름은 백수오, 하수오예요. 심지어 하수오는 백수오와 이엽우피소보다도 많이 다르고 그 쓰임새도 달라요. 약을 조제할 때 약사의 전문적인 도움을 받아야 하듯, 건강을 위해 이용하는 식물은 특히 공부가 필요하고 전문가의 도움을 받아야 해요.

문제를 키운 여러 가지 이유 중에는 종자 생산과 관리, 판매의 과정에서 기준이 불분명했다는 점이 있어요. 이엽우피소 종자가 백수오와 섞여도 그것을 구별하여 판매하지 않았고, 식물의 이름도 정확하게 기입하지 않은 경우들이 있었어요. 이러한 문제는 다른 많은 식물에서도 나타나고 있어요.

식물에서 추출한 물질을 이용하는 또 다른 예로 앞서 언급했던 말라리아 퇴치약인 '아르테미니신'이라는 성분이 있어요. 이 성분은 '개똥쑥'이라는 식물에서 추출하여 말라리아의 치료제로 쓰여요. 또한 조류 독감에 특효약인 '타미플루'라는 치료제는 '팔각'이라는 식물에서 나온 물질을 이용한다는 것도 이야기했었지요. 앞으로는 식물에서 추출한 물질로 약을 만들어 활용하거나 종자를 심어서 이를 이용하는 경우가 많아질 거예요. 종자 개발과 더불어 종자의 생산과 관리를 잘하여 정확하고 우수한 종자를 이용하는 것은 매우 중요해요.

Tip

'돌연변이'라고?

돌연변이(mutant)는 과학적 용어예요. 변이는 어떤 특성의 수준과 차이를 설명하는 말이고, '돌연'이라는 말은 단지 '갑자기, 매우 돌발적으로'라는 뜻이에요. 그러니까 '돌연변이'라는 말은 기이하고 이상하다는 뜻이 아니에요. 단지 '갑자기 달라졌다'를 뜻하는 말이니까요.

영화 속 돌연변이

그런데 돌연변이를 다루는 많은 영화, 미디어, 음모론 등으로 인해 돌연변이에 대한 부정적인 이미지가 생기게 되었어요. 사실 의학적으로도 돌연변이에 의한 질병 연구가 많기 때문에 그렇기도 하지요. 유전자나 염색체에 어떤 변이가 나타나서 생존에 불리하면 대부분 태어나기 전에 사망하지만, 우연히 생존하게 된 경우에도 신체에 어떤 변형이 있어서 평생 불리하게 살아갈 수 있으니까요. 그러나 이는 자연에서 발견할 수 있는 현상이에요.

식물도 마찬가지로 생물이기 때문에 자연적으로도 많은 돌연변이가 생기게 돼요. 돌연변이를 일으키는 이유는 다양해요. 태양광, 자외선, 높은 온도, 불량한 환경, 미생물의 역할 등 정말 많아서 그 이유를 정확히 밝히기가 어려워요. 식물도 마찬가지로 대부분의 돌연변이는 죽고, 아주 적은 소수의 돌연변이가 생산자나 육종가에게 발견되어 활용되기도 해요.

사람은 인권 존중 차원에서 '장애인'으로 돌봄의 대상이 되는 한편, 식물 돌연변이는 유전자원 확장의 차원에서 연구의 대상이 돼요. 식물은 인류보다도 훨씬 오랜 시절을 지구에서 살아오면서 엄청나게 많은 돌연변이를 겪게 되었고, 그러한 변이가 진화의 원동력이 되었다는 점은 거의 사실로 받아들여지고 있어요. 결국 돌연변이는 식물이 새로운 환경에서 살아남기 위해 자연적으로 가지고 있는 원리인 셈이죠.

과학자들은 돌연변이가 생기게 하는 방법을 알고 있어요. 이 또한 많은 연구와 노력의 결과죠. 우리나라 원자 연구원은 방사선 등을 이용하여 돌연변이를 개발하곤 해요. 대학교에서도 미생물이나 화학제를 활용하여 돌연변이를 찾곤 하죠. 보통은 관심을 두는 유전자가 어떤 역할을 하는지를 알고 싶은 경우에 이용해요. 해로운 특성을 함유하지 않은 돌연변이는 직접 새로운 종자 개발에 활용되기도 해요.

실제로 노벨 평화상을 안겨 준 '키가 작은 밀'은 '*sd1*(semidwarf 1; 키를 작게 만드는 유전자)'을 이용한 품종이었어요. 이 유전자가 활용된 품종으로 인해 밀과 쌀 생산량은 30~50%가량 증가하게 되었고, 인도와 우리나라 등 많은 나라들이 굶주림에서 벗어나게 되었어요. 대단하지요? 그 유전자 또한 돌연변이였어요.

노벨 평화상을 안겨 준 돌연변이

품종이란?

딸기 이야기를 해 볼까요? 우리나라의 딸기는 정말 맛있어요. 제가 필리핀에서 10년쯤 살았는데 그때 가장 그리웠던 것 중 하나가 우리나라 과일이었죠. 열대 과일과 다르게 우리나라 과일들은 좀 더 단단하고 새콤한 것 같아요. 그러면서도 은은한 향과 단맛이 매력이죠. 열대 과일은 좀 더 물렁하고 향과 맛이 더 강한 것 같아요.

우리나라 딸기는 충청남도, 전라 남북도, 경상 남북도 등에서 나와요. 보통 '○○ 딸기'라고 하여, 지역 이름이 적힌 상자에 포장되어 팔리는 것을 볼 수 있어요. 그것은 그 딸기가 생산된 지역 또는 단체의 이름일 뿐이에요. 이를 보고 딸기가 어떤 종자인

외국으로 수출해 로열티를 받는 우리 품종, '설향' 딸기 (출처: 위키미디어커먼스)

지를 알 수는 없어요. 품종이란 작물 육종가가 개발하여 식물학적으로 구별되는 것을 말하기 때문에, 품종명은 상품명과 엄연히 다르거든요. 딸기는 굉장히 맛있는 과일이지만, 우리는 딸기를 먹을 때마다 외국에 돈을 내야 했어요.

우리나라도 선진국의 대열에 들어간 만큼, 많은 국제기구에 가입을 하고 있어요. 국제식물신품종보호동맹(UPOV)이라는 종자 관련 국제기구가 있어요. 우리나라도 2002년에 가입을 했는데, 여기에 가입한 나라들은 외국에서 개발된 품종을 사용하게 되면, 원래 소유자에게 로열티를 지급해야 해요. 우리나라는 '아키

히메'를 비롯한 많은 일본 품종을 재배하고 있었기 때문에 매년 30~60억 원을 로열티로 지불했어요. 그러나 농촌진흥청과 충청남도 농업기술원이 각고의 노력 끝에 '설향'을 개발하여 이른바 대박을 치게 되었죠. 동계 올림픽에 참가했던 일본 여자 컬링 팀을 비롯하여, 많은 연예인들이 극찬하고, 오히려 일본에서 '설향' 딸기를 수입할 정도였어요. 이제 우리나라는 '설향'뿐만 아니라, 우리나라 딸기 품종을 많이 보급하여 더 이상 로열티를 지불하지 않아도 돼요.

외국에 지급되는 로열티는 적은 금액이 아니에요. 농산물은 꾸준히 판매되고, 소비자들은 기존의 선택을 쉽게 바꾸지 않기 때문에 소비 충성도가 높아요. 보통 품종 보호권은 국가가 20년 동안 권리를 보장해 줘요. 다시 말하면, 20년 이상의 상품 가치가 확보되는 셈이에요. 설향 한 가지만으로도 상당한 로열티를 아끼게 되었으니 어마어마한 가치지요.

우리나라는 지난 2009년부터 2019년까지 총 1,400억 원을 로열티로 지급했다고 해요. 10년간 매년 140억 원씩 지불한 거예요. 로열티 지급액은 종잣값에 대해서만 따져 본 것이에요. 만약 이 종자를 심기 위해 재배에 필요한 다른 것들도 함께 구매하거나 활용한다면, 우리가 외국에 지불해야 하는 돈은 정말 많아져요.

그렇다면 품종의 가치는 무엇일까요?

품종의 발명은 '신지식 재산권' 아래 '첨단 산업 저작권'이라는 분류로 보호돼요. 이 첨단 산업 저작권에 포함된 다른 분야의 발명으로는 '반도체 집적 회로 배치 설계'와 '생명 공학 기술' 등이 있어요. '품종권'이 얼마나 대단한 발명인지 감이 오나요?

종자는 가격이 다양해요. 벼 종자의 경우 보통 정부에서 보급하는 식량으로 활용되며 종자 중 가장 저렴한 가격으로 책정되어 있어요. 식량의 가격은 물가나 나라의 살림과 직접 관련이 있어서 정부가 철저하게 관리하고 있어요. 보통의 작물은 대부분 기업이 개발하여 판매해요.

이제 우리나라도 잘사는 나라가 되었어요. 우리나라뿐만 아니라 세계 식량 문제를 바라보는 관점에서 종자의 가치를 보면 어떨까요? 식량도 보통의 작물처럼 기업이 개발하는 것이 바람직하다고 생각해요. 앞에서 말한 것 같은데요, 우리가 먹는 쌀값보다 종자로 쓰이는 볍씨의 가격이 훨씬 높아야 과학자들도 더 좋은 종자를 개발할 수 있을 것이고, 쌀을 생산하는 사람들도 더 좋은 품질을 만들려고 노력할 거예요.

종자는 그 가치가 얼마나 될까요? 여러분, 파프리카 좋아하나요? 품질이 우수하고 관리가 잘된 파프리카 종자 가격은 1,000립이 들어 있는 한 봉지(7g)에 55~60만 원 정도 한다고 해요. 같은 무게의 금값과 비슷한 수준이지요. 아니, 때로는 금보다 비싸기도 해요.

우리는 정말 부유한 나라에서 살고 있어요. 한국은 GDP◆ 관점에서 10위 전후를 달리는 경제 선진국이에요. 이제 우리에게 굶주림이란 아주 특수한 상황에서 겪는 극소수의 이야기가 되었어요. 우리 주변에 그러한 사람들은 세상의 관심 밖에서 많이 벗어나 있어요.

노벨재단은 2020년 굶주림과 소외에 힘들어하는 사람들을 돕는 세계식량계획(World Food Project)에 노벨상을 수여함으로써, 가난과 굶주림에 대한 인류 전체의 연대 책임을 이끌어 냈어요.

우리나라는 1970년대까지도 극단적인 가난에 시달렸어요. 주요 식량인 쌀은 늘 모자라서 겨울에 심어 놓은 보리가 익을 때까지 굶주림을 견뎌야 했던 '보릿고개'라는 기간이 있었어요. 온통 먹을 것 걱정에 삶이 힘들었고, 나라는 발전하기 어려웠어요. 그런데 앞에서 말했던 노벨 평화상 수상에 빛나는 '*sd1*' 유전자를 이용하여, 키가 작고 쓰러지지 않는 작물들이 개발되었어요. 노먼 볼로그 박사와 행크 비첼 박사는 국제기관인 국제맥류연구소(CIMMYT)와 국제벼연구소에서 각기 키가 작고 수확량이 많은 밀과 벼를 개발했어요.

◆ **Gross Domestic Product** 국민 총생산에서 투자 수익 따위의 해외로부터 순소득을 제외한 지표.

우리나라를 가난에서 구한 종자, '통일' 품종을 개발한 주역, 허문회 박사(왼쪽), 행크 비첼 박사(가운데), 노먼 볼로그 박사(오른쪽), 국제벼연구소에서 (출처: 서울대학교 고희종 교수)

한국의 서울대학교 교수로 재직 중이던 허문회 박사는 국제벼연구소에 특별 연구원으로 방문하여, 행크 비첼 박사의 도움으로 키가 작은 벼를 개량했어요. 각고의 노력으로 한국에서 기를 수 있는 종자량이 많은 벼 품종을 개발했어요. '통일'이라는 품종으로 불리게 된 이 벼는 기존 벼보다 30% 이상 씨앗이 더 많이 열렸어요. 이것은 정말 혁신적인 사건이었죠. 그 공로로 허문회 박사는 산업 훈장도 받고, 후에 대한민국 과학 기술 유공자로 선정되었어요.

당시 통일벼 개발에 대한 감동적인 이야기를 살짝 들려줄게요. 벼는 인디카와 자포니카, 이렇게 크게 두 가지로 구분해요. 온대에서 잘 자라는 자포니카는 우리나라에서 재배가 잘되며 우리 입맛에도 잘 맞는 벼예요. 반면 인디카는 열대 지역에서 잘 자라는 벼로 수확량이 높다는 특징이 있지만 우리 입맛에 맞지 않고 우리나라 기후에서 재배가 잘되지 않아요.

허문회 박사는 우리나라에서 잘 자라며 생산성이 높은 벼를 만들기 위해서 이 두 가지 종의 유전자를 조합하는 시도를 했어요. 종이 다른 두 벼의 교배는 어렵기도 하지만 이 과정을 거친 종자 대부분은 과실을 맺지 못해요. 다른 나라를 포함하여 많은 학자들이 시도하다가 포기했지만, 허문회 박사는 대만과 일본의 재래 벼를 활용하여 인디카와 자포니카의 교배◆를 성공시켰어요. 그 뒤 씨앗이 맺히는 종자를 골라서 키를 작게 하는 유전자를 가진 인디카 벼와 다시 교배를 시도했어요. 여러 차례 시도 중에 교배에 성공하여 우수한 벼를 개발하였어요. 그렇게 개발한 종자를 우리나라에 가져와 재배해 보니, 원래 재배하던 벼와는 모양이 다르고 밥맛도 달랐어요. 더욱이 열대 지방에서 온 벼를 이용하다 보니, 우리나라의 추위와 병해충에 약했어요. 허문회 박사는 성공과 실패를 함께 맞이했기 때문에 힘든 마음을 감당하기가 몹시 어려웠다고 해요.

그러나 정부는 생산력이 좋은 이 벼를 이용하여 경제 개발의 원동력으로 삼고자 했어요. 따라서 보급과 재배 기술을 높이기 위해 최선을 다하여 통일벼의 단점을 극복했어요. 덕분에 우리나라 고유의 우수한 품종들을 많이 개발하게 되었어요. 더불어 우리 국민들도 한마음이 되어, 더 이상 쌀을 수입하지 않는 나라가 되었어요. 이러한 성공을 기반으로 더욱 훌륭한 수많은 벼 품종

교배 수꽃의 꽃가루를 다른 식물의 암꽃에 인위적으로 묻혀서 종자가 맺게 하는 작업.

이 개발되었고, 현재 우리나라는 300종이 넘는 벼 품종을 확보하고 있어요.

지금 우리가 접하는 벼 품종들은 통일벼보다도 훨씬 맛이 좋고 병충해와 기후에도 강해요. 이제 우리나라는 오히려 쌀이 남는 것을 걱정할 정도이며, 세계적인 수준의 경제 국가로 성장할 수 있게 되었어요.

훌륭한 육종가, 비전, 그리고 우수한 품종, 그것을 뒷받침한 정부 정책, 그리고 한마음이 된 국민들의 노력이 세상을 바꾼 사례예요. 먹을 걱정이 줄어들자, 사람들은 제조업과 서비스업, 그리고 지식 산업을 발전시킬 수 있었어요. 이런 성공적인 사례는 스스로 근대화의 기회를 놓쳤던 나라에서는 유례가 없는 것이었고, 세계적으로 우리나라에서만 발견할 수 있어요.

이 모든 성공의 씨앗은 글자 그대로 '씨앗'에서 출발한 것이에요. 새로운 종자, '품종'의 힘은 때로는 과학 기술 이상의 힘을 발휘해요.

Tip

종자는 때로 과학 이상의 가치를 갖는다

2020년 노벨 평화상 수상자는 세계식량계획이라는 기관이었어요. 세계식량계획은 UN 산하 기관으로서 가난하고 굶주리는 지역에

세계식량계획(WFP) 로고
(출처: 위키미디어커먼스)

위험을 무릅쓰고 식량과 보급품을 전달하는 것을 사명으로 하는 기관이에요.

저는 개인적으로 이 기관이 노벨 평화상을 받은 것이 진심으로 기뻤어요. 한 개인의 작은 희망이 인정받는 것 같아 더더욱 좋았어요. 그리고 세상 곳곳의 굶주림을 해결하기 위한 노력이 얼마나 중요한 일인지를 다시 한번 생각하게 되었지요.

4장

종자 산업

원시 시대의 종자 수집

'콩 심은 데 콩 나고 팥 심은 데 팥 난다.'라는 말을 들어 본 적 있나요? 원인과 결과를 설명하는 아주 유명한 우리 속담이죠. 이 속담대로 어떤 식물의 종자를 심으면, 그 종자의 식물이 자라야 지극히 정상이에요. 만약 콩을 심었는데 팥이 나오면 어떻게 이해해야 할까요?

아마 실제로는 팥을 심어 놓고는 콩이라고 여겼거나, 그 반대일 수도 있어요. 어떤 식물을 심고 거두었는지 정확하게 확인하고 기록해야만 문제가 없는 거예요.

아주 오래전 우리 조상들이 세상에서 처음 우리에게 필요한 식물들을 알아 가고 그것을 이용할 때, 마땅히 기록할 방법이 없으니 기억에 많이 의존했을 거예요. 그러다 벽에 그림으로 그리다가 나중에는 나무, 돌, 종이 등에 그림 또는 원시 문자로 기록했다고 해요. 그러나 이러한 방법은 한계가 있어서 정확하고 섬세하게 기록하지 못했을 거예요. 옆에 사진을 한번 보세요. 여러분은 콩과 팥을 제대로 구별할 수 있나요?

처음 우리의 조상이 저 콩과 팥을 벽에 그린다면, 후세 사람들이 그것이 콩인지, 팥인지 알 수 있을까요?

앞서 말한 충청북도 소로리 유적에 대한 이야기를 기억하나요? 우리나라 소로리에서 13,000~15,000년 전쯤에 농사를 지었을

어느 것이 콩이고, 팥일까요? (출처: 위키미디어커먼스)

것이라 추정되는 벼와 유사한 것들이 발굴되었어요. 지금 우리가 먹는 쌀을 둘러싼 껍질을 '영'이라고 하는데, 영의 모양이 드러나 있었거든요. 그러나 일부 학자들은 그 모양만으로는 확실히 알

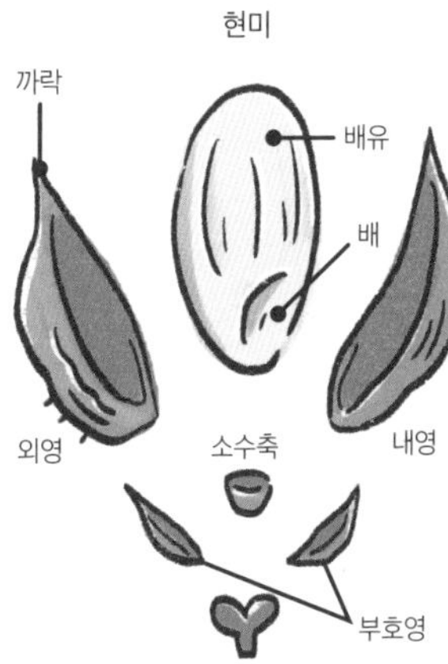

볍씨의 구조

소로리 볍씨
(출처: 충북대학교 박물관)

수 없다고 말해요. 벼뿐만 아니라 벼와 가까운 식물종들도 비슷한 구조를 갖추고 있거든요.

이렇게 발견된 화석이나 기록을 통해서, 원시 시대에 우리 조상들이 무엇을 먹고 살았는지 등의 생활을 알 수 있어요. 그런데 과연 그 시대에 '씨앗'의 중요성을 알고 있었을까요? 아마도 분명히 잘 알고 있었을 거예요. 왜냐하면 저 화석들 대부분은 함께 발굴된 그릇의 안쪽 또는 겉면에 붙어 있었기 때문이에요. 이를 볼 때 씨앗들을 그릇에 모아 두었다는 것을 알 수 있고, 씨앗을 보관했다고 추측할 수 있어요. 결국 종자를 중요하게 여기고 관리했다고 볼 수 있어요.

처음에 여기저기서 기억을 더듬어 수집해 온 씨앗들을 심으면, 여러 가지 잡다한 식물 씨앗들이 섞여 있었을 거예요. 비슷비슷하고 헷갈리는 식물들이 워낙 많았겠지요. 사는 곳 주변 여기저기에 뿌려 보면서 종자를 구별해 나갔을 거예요.

농경이 처음 시작된 시기는 23,000년 전쯤일 것이라는 주장이 나왔어요. 이스라엘의 '오할로 II'라는 유적인데, 이곳에서 세계에서 가장 오래된 끈이 발견될 정도라고 하네요. 탈과 다닛이라는 두 연구자가 오할로 II 유적의 복원 상상도를 그려 봤다고 해요.

복원 상상도를 참고로 그린 그림을 한번 유심히 살펴볼까요? 그들은 고기도 먹고, 강과 바다에서 물고기도 잡고 있어요. 불도

'오할로 II' 유적을 통해 상상한 인류의 초기 농경과 목축 (자료: 탈과 다닛, Nadel(2002))

사용했으며, 식물로 움막을 짓는 모습도 볼 수 있을 거예요. 그런데 저 뒤쪽을 좀 보세요. 당나귀와 비슷한 동물도 있어요. 이미 가축을 기르기 시작한 것 같아요. 식물을 직접 먹기도 했지만, 식물을 동물에게 먹인 후 그 동물을 잡아먹으며 식물의 영양소를 간접적으로 섭취하기도 했던 것으로 보여요. 특정한 식물을 먹여서 키운 동물을 고기로 먹으면, 식물에서는 얻을 수 없는 단백질과 기름 섭취가 쉬워요. 혹시 독이 있거나 소화하기 힘들어 먹을 수 없는 식물의 영양소를 먹을 수 있다는 장점도 있을 거예요.

어느 일정한 지역에 살게 되면, 부근에 살고 있는 식물들을 꾸준히 활용하게 돼요. 여러 종자들을 일일이 원래 식물이 살고 있던 곳에서 채집하지 않고 따로 모아 두었다가 심으면 식물들의 다양성에서 큰 변화가 나타나요.

이렇게 씨앗을 모아서 재배하다 보면 굉장히 다양한 식물들이 자라게 되는 거지요. 다양한 식물들을 재배하다 보면 특히 좋아하는 식물이나 어느 부위들에 대한 선호도가 생겨요. 사람들마다 잎, 씨앗, 뿌리, 씨방 등 다양한 부위 중에 더 맛있고 몸에 좋다고 느끼는 부위들이 있었을 거예요. 선호하는 부위나 즐겨 먹는 식물은 사람 또는 부족마다 달랐겠지요. 사람들의 기호나 요구에 맞는 식물들이 종자를 퍼뜨리는 데 더 유리했을 거예요. 사람들은 좋아하는 식물의 종자를 모아서 다음 해에 또 뿌리고 수확했으니까요.

이러한 진화의 과정을 '순화(domestication)'라고 해요. 'dom'은 'domus'라는 라틴어에서 나온 말인데, '집, 산다'라는 뜻이 있어요. 우리 인간과 함께 산다는 의미가 내포된 말이지요. 앞에서 언급했듯이 이렇게 순화된 식물들을 '작물'이라고 해요. 종자는 이렇게 순화 과정을 거쳐 차별화되고, 이러한 변화가 DNA에 남아

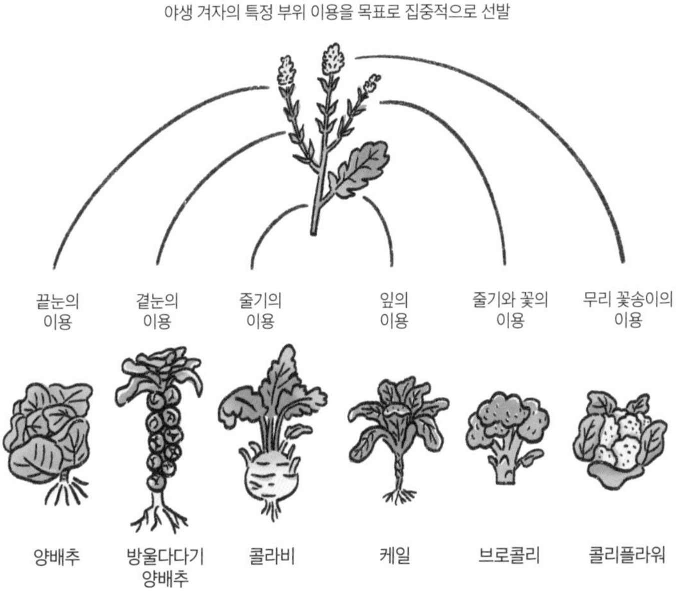

사람들의 선택이 크게 작용한 배춧과 식물들의 진화

종자를 통해 다음 세대에게 전달되어요. 우리의 조상들은 이를 짐작하고 활용했지요.

근대와 현대의 종자 개발

근대와 현대에 들어와서, 세계 여러 나라는 부강한 국가를 건설하는 데 경쟁을 벌였어요. 가장 큰 갈등은 제1차, 제2차 세계대전이라는 두 차례의 큰 비극으로 나타났어요. 세계 전쟁이 일어나게 된 이유는 다양하지만, 결국 돈과 물자를 많이 확보하는 것이 가장 근본적인 이유였을 것으로 보는 시각이 많아요.

서유럽은 종교 개혁과 시민 혁명을 거친 후, 여러 왕과 제후들이 난립했어요. 국가가 수시로 번영과 몰락을 반복하며 국경이 자주 바뀌었어요. 그런데 실제로 이들은 결혼이나 동맹 등을 통하여 다양한 방식으로 뭉쳤어요. 이때 가장 큰 기준은 그 나라의 경제력이었어요. 경제력이 큰 나라는 작은 나라들을 이끌고 호령할 수 있었으니까요.

경제력의 기준은 뭐니 뭐니 해도 얼마나 많은 사람들을 잘 먹이고 다양한 물자를 공급할 수 있느냐 하는 것이었어요. 첫 번째 기준은 땅의 크기였어요. 일단 땅을 많이 점령해야 물자를 확보하기 쉬웠을 테니까요. 땅에서 얻을 수 있는 자원으로 지하에서 캐는 광물도 있지만, 더 엄청난 자원은 태양으로부터 얻을 수 있어요. 약 1㎡당 1,300~1,400㎾의 에너지가 우리 지구에 도착하는데, 식물들은 광합성에 의하여 양분을 만들며 살아가요. 우리 인간은 이 식물을 다양하게 활용하며 생활해요.

결국 태양 에너지를 재산으로 만들어 주는 것은 식물이에요. 그 식물을 많이 얻을 수 있도록 하는 기술들이 지금도 계속해서 개발되고 있어요. 우리는 이것을 '재배'라고 부르고, 재배한 것을 모으는 일을 '수확'이라고 해요. 재배한 양 중에서 수확한 양의 비율을 '수확 지수'라고 하는데, 식물을 길러서 수익을 얻어 부유해

진다는 것은 바로 이 '수확 지수'를 높이는 것이에요.

현대에 와서 유럽의 열강들은 아시아와 아프리카의 많은 나라들을 식민지로 삼고, 그 나라에서 자신들이 원하는 식물들을 더 많이 생산하도록 했어요. 당연히 식물의 어느 특정 부위를 더 많이 얻도록 하는 것이었고, 그것은 '수확 지수'의 증가로 나타났어요. 더욱더 많이 얻기 위해서 자연이 훼손되는 문제점도 발생하였고, 현지인의 삶을 힘들게 하는 면도 있었으나 더 많은 수확을 위한 기술력은 멈추지 않고 발전해 나갔어요.

이를 바탕으로 유럽의 열강들은 귀금속과 돈을 기본으로 하는 경제를 발전시키게 되는데, 경쟁적으로 경제를 발전시키는 과정에서 세계 대전이 발생하게 되었어요. 이때 포르투갈, 스페인, 네덜란드, 프랑스, 영국, 일본, 미국 등 여러 대륙에 영토를 갖게 된 나라들은 각 지역에 살던 식물들을 다른 지역으로 이동시키기도 했어요. 이로 인해 생태계 파괴 등의 문제가 나타났지만 옮겨진 지역에서 훨씬 많은 양의 수확을 기대하게 되었어요. 이러한 과정을 통해 더 많이 생산할 수 있도록 '종자'를 '개발'할 필요를 느끼게 되었어요.

종자 개발에 있어서 식량 작물인 밀, 옥수수, 콩, 보리, 귀리, 호밀 등 곡류가 가장 큰 부분을 차지했어요. 그러나 다양한 식재료에 대한 요구가 커지면서 채소, 과일, 양념, 약용, 산업용 작물까지 종자 개발에 대한 범위가 늘어나게 되었어요. 나아가 종자 개발은 식재료뿐만 아니라 석유를 대체할 바이오 에너지, 섬유와 첨단 소재를 개발하는 목적 등 다양한 목적에 맞는 종자들을 개발하게 되었어요.

원래의 식물들을 채집하여 기르다가 우연히 이루어지는 종자 개발 방법에는 한계가 있어요. 19세기에 그레고어 멘델에 의한 유전학이 발달했고 20세기에 DNA의 발견과 함께 이용 방법 개발에 따른 '육종학'이 발달했어요. 매우 다양한 방식으로 우리가 원하는 종자를 개발할 수 있게 되었고, 다양성과 선택의 폭이 커지게 되었어요.

결국 더 많은 자원을 얻기 위한 인간의 노력으로 땅을 차지하고 넓히게 되었어요. 이로 인해 다른 나라에 진출하고, 그 땅에서 더 많이 생산하고자 효율을 높였지요. 그 결과 수확량이 높은 특성을 가진 종자를 개발하게 되었다고 요약할 수 있어요.

멘델의 유전 법칙을 간단하게 설명해 볼게요. 유전자는 세포 안에 있는 염색체에 있어요. 유전자는 염색체에 어떤 주소와 위치를 가지고 있어요. 그것을 '좌위'라고 하는데, 각 좌위마다 여러 가지 유전형◆을 가질 수 있어요.

유전형 DNA 염기 서열 차이에 따라 자손에게 전달이 가능한 유전자의 종류.

한 좌위의 유전형 중, 교배가 되어 다음 자식 세대에서 나타나는 특성을 설명하는 유전형을 '우성'이라고 하고, 그렇지 못한 것을 '열성'이라고 해요. 특성을 설명하는 방법으로 보통 우성은 영어의 대문자, 열성은 소문자로 써요. 멘델은 이렇게 잡종을 만들었을 때 특성이 나타나는 유전자형들의 경쟁을 우열성이라고 하고, 우성만이 특성을 보인다는 법칙을 '우열의 법칙'이라고 했어요.

그런데 만약 두 개 이상의 좌위에서 잡종을 만들어 보면, 다음 그림과 같은 상황이 돼요. 잡종 제1대에는 우열의 법칙 때문에 모든 종자가 우성으로 둥글고 황색을 나타내요. 그런데 그다음 잡종 제2대에 가면, 부모가 가지고 있던 특성, 또 그것이 조합된 특성을 가진 종자가 모두 나타나게 돼요. 그것은 잡종 제1대의 잡종 유전자형이 조합되는 방법의 가짓수만큼의 비율로 나타나요. 재미있는 것은 부모는 각각 '둥글고 황색', '주름지고 녹색'인데 잡종 제2대에서 부모와 잡종 제1대에서 볼 수 없었던 '둥글고 녹색'과 '주름지고 황색'이 나온다는 점이에요.

이것은 매우 간단한 설명이지만 세상에 큰 변화를 가져오게 될 엄청난 발견이었어요. 왜냐하면 부모가 가지고 있던 유전자를 원하는 방법대로 조합할 수 있다는 것을 설명했기 때문이에요. 멘델은 이것을 '분리의 법칙'이라고 불렀어요. 유전자가 잡종 제1대에서 결합되었다가, 두 개 이상의 좌위에서 유전자형이 분리되어

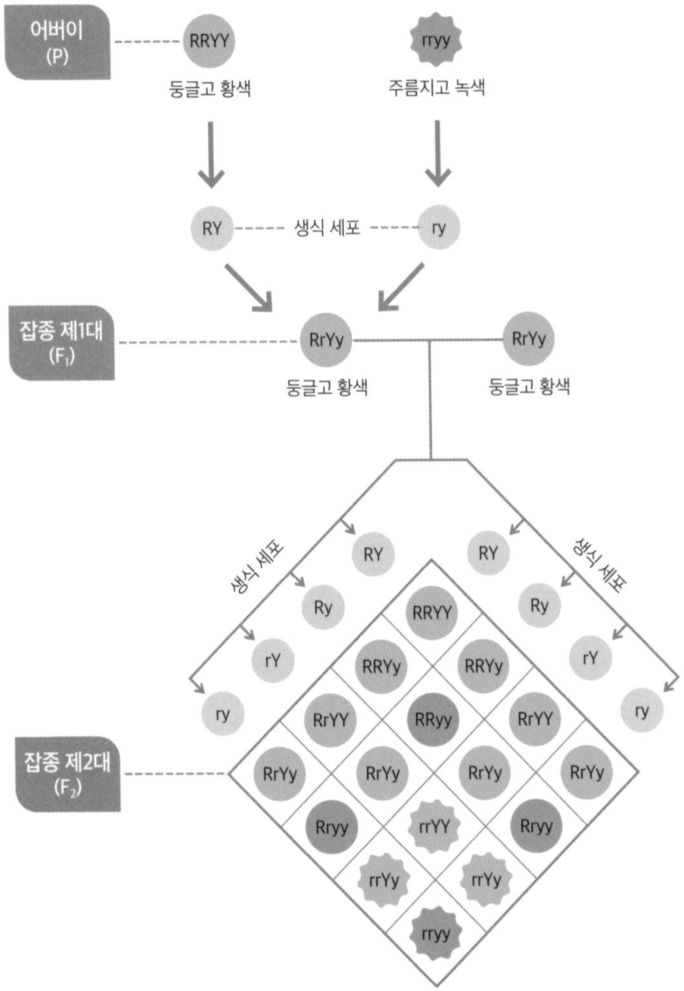

우열의 법칙, 독립의 법칙, 분리의 법칙

조합형이 나온다는 의미였어요.

이 방법을 통해 종자 개량의 기본 이론이 정립되었어요. 20세기 초 대부분의 육종법 또는 종자 개량법은 좋은 부모를 찾아 교배를 한 후, 그것을 잡종 제2대 이하에서 분리하고 선발하는 것이었어요. 유전자 좌위가 많아지면 더욱 복잡해져서 수치를 분석하는 학문인 통계학을 더 활발하게 활용하게 되지요.

현대에 와서는 더 많은 유전자를 한꺼번에 가정하여 컴퓨터로 경우의 수와 확률을 계산할 수 있게 되었어요. 그리고 DNA상의 유전자를 실제로 분리할 수 있게 되면서 유전자의 기능도 예측하게 되었어요. 그러나 여전히 육종의 가장 기본은 '멘델의 법칙'이에요. 저도 품종을 개발할 때, 종자 개량이 가능한지 가늠하기 위해서 교배를 하고 잡종을 만들어요. 멘델의 법칙에 맞는지 확인하기 위해 식물체를 하나하나 관찰하고 기록한답니다. 육종가들은 모두 '멘델의 후예'가 되는 셈이죠.

Tip

육종가는 멘델의 후예다

그레고어 멘델은 부모의 어떤 특성이 자손에게 전달된다는 '유전학'의 기본 원리인 '유전의 법칙'을 발견한 위대한 학자예요. 그런데 사실 멘델은 오스트리아의 수도원에서 수도사이자 사제였으며, 행정

그레고어 멘델
(출처: 위키미디어커먼스)

가로서도 탁월한 사람이었어요.

멘델은 완두콩에서 종자 껍질의 색과 모양, 꽃의 색과 모양 등이 일정한 숫자와 비율로 표현된다는 것을 자연스레 알게 되었어요. 완두콩을 계속 재배하면서 표현되는 특성이 어떤 숫자적인 의미가 있다는 것을 통찰한 것은 안정적이고 집중하기 좋은 수도원의 환경 때문에 가능했을 거예요. 더욱이 숫자는 그 자체로 신비의 대상이어서 어쩌면 종교생활을 하는 사람들에게 그것은 신의 법칙처럼 보여 더욱 연구에 열중했을지도 몰라요.

아마 우리 조상들도 멘델이 초기에 관찰했던 것들을 숱하게 봐 왔을 거예요. 하지만 그것이 유전 현상◆임을 알았다 하더라도 어떻게 연구해야 할지 몰랐을 거예요. 그러나 멘델은 너무나도 단순하고 분명하게, 그러한 현상을 법칙으로 꿰뚫어 보는 눈이 있었어요. 그리고 실험을 통해 명쾌히 설명할 수 있었어요.

종자를 만드는 기업들

여러분, 스마트폰이나 커피처럼 종자도 회사나 큰 조직에서 만

유전 현상 부모의 특성이 자식에게 전달되는 현상으로 DNA 또는 RNA 내의 유전 정보가 해석되어 표현되는 현상을 말한다.

들어요. 처음에 원시인들이 수집했거나, 우리 조상들이 연구를 통해 개량한 종자들이 지금은 기업이나 정부 연구소, 대학 연구소 등에서 개발하고 생산되고 있어요.

종자를 전문적으로 생산하는 기업은 종자를 개발하기 위해 노력할 뿐만 아니라, 재배하고 이용하는 농민이나 기업들이 최대로 이익을 낼 수 있도록 좋은 종자를 관리하고 공급해요. 보통 공장에서 물건을 만들어요. 만들어진 물건이 우리 손에 다다르기까지의 과정을 '유통'이라고 해요. 종자는 살아 있는 생물이기 때문에 생산과 유통의 단계에서 각별한 관리가 필요해요. 그래서 좋은 종자를 만들고 잘 관리하는 기업은 꾸준히 성장하게 되었죠.

앞에서 우리는 종자 산업이 얼마나 큰지 가늠할 수 있었어요. 전체 세계 작물 산업의 크기가 자동차, 반도체, 의약 산업을 합친 것만큼 크다고 하니, 상상이 잘 안 될 정도죠? 그러나 우리가 식품이나 화장품을 포함한 식물을 이용한 물건들을 얼마나 쓰고 있는지를 생각해 보면 당연한 규모이지요. 그 식물들을 길러 내는 것이 종자예요.

그런데 겨우 7개의 기업이 이 큰 종자 시장의 70%를 장악하고 있어요. 바이엘, 신젠타, 듀폰, 리마그레인, KWS 등의 기업이에요. 이 종자 기업들은 보통 농약과 비료, 식품, 화학 제품을 개발하는 기업들과 합쳐서 큰 기업으로 성장하고 있어요. 몬산토라고 하는 최고 종자 회사는 의약품 회사 바이엘과 합병하였는데, 이것은 인류 역사상 가장 큰 규모의 합병◆이었다고 해요. 종자를 개발하는 과정은 생물학과 재배법의 기존 기술 위에 화학, 의약, 식품을 비롯하여 최근에는 컴퓨터, 정보 산업, 인공 지능 산업까지 아우르는 체계로 성장하고 있어요. 따라서 종자 기업의 규모가 어마어마하게 큰 것은 당연하지요.

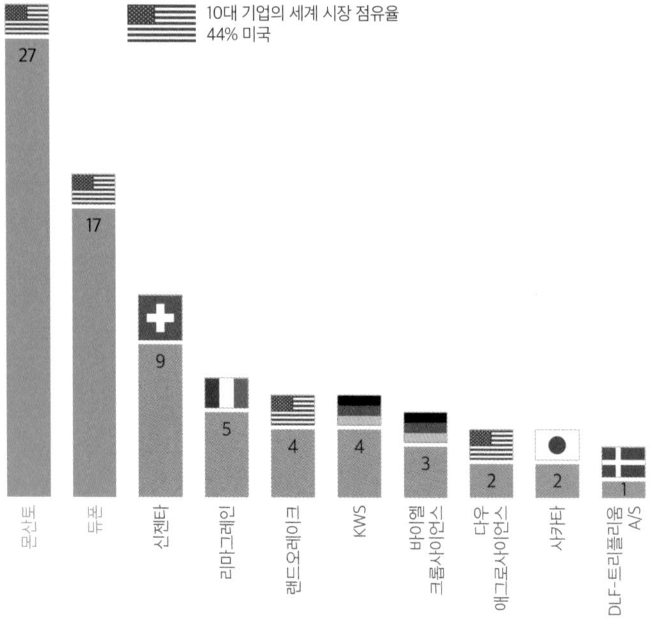

세계 10대 종자 기업 시장 점유율 순위 (기업 간 합병 전)

합병 둘 이상의 기구나 단체, 나라 따위가 하나로 합쳐짐. 또는 그렇게 만듦.

우리나라는 2020년 종자 수입료로 약 1,632억 원을 지불했다고 해요. 그런데 문제는 종잣값뿐만 아니라, 우리나라에서 개발한 종자를 사용하지 않고 다른 나라에서 개발한 종자를 사용하는 경우에는 '로열티'라는 지식에 대한 비용을 지불해야 해요. 우리나라는 매년 100억 원이 넘는 큰돈을 종자 로열티로 지불하고 있는 실정이에요. 사실 우리나라 종자 회사들은 아직 힘이 약한 편이에요. 우리 고유의 개발 종자도 많지 않고 우리나라의 큰 종자 회사도 부족해요. 세계적으로 종자를 개량하는 데 첨단 기술이 많이 활용되고 있어요. 우리나라의 종자 산업 발전에 여러분의 더 많은 관심이 필요해요.

종자 전쟁과 종자 권리

우리나라 인구는 약 5,200만 명으로 세계의 0.7%예요. 그런데 경제 규모는 세계의 1.9%에 해당된다고 해요. 2020년 기준으로 한국어 사용 인구는 7,700만 명으로 세계에서 14위로 큰 언어 집단이기도 하지요. K-Pop이나 영화 산업으로 나타나는 문화적 영향력과 반도체, 휴대 전화, 건축과 조선, 나노 공학으로 상징되는 기술적 영향력 그리고 코로나바이러스와 각종 동물 전염병 등 재앙에 대처하는 국민적 수준 등 여러 면에서 우리나라는 이제 당당하게 세계적으로 중요한 위치를 차지하게 되었어요.

종자를 둘러싼 나라 간 경쟁

어려웠던 시절을 기억하는 어른들은 우리나라 사람들이 쌀밥도 잘 먹지 못했던 때의 이야기를 들려주곤 해요. 그러나 여러분들에게 이런 이야기는 인터넷이나 TV를 통해 본 다른 어려운 나라들의 이야기 정도로 여겨질 것 같아요. 여러분들이 살아갈 세상에서는 생산을 얼마나 많이 하느냐는 문제보다 얼마나 더 가치

있는 것을 생산하는지를 중요하게 고민해야 할 거예요.

질문으로 바꿔 생각해 볼까요? 우리나라의 경우, 먹기 위한 쌀을 많이 생산하는 것과 수출이 가능할 정도의 훌륭한 쌀 종자를 만드는 과학 기술을 개발하는 것 중에서 어느 것에 더 노력해야 할까요?

여러분의 답은 무엇인가요? 당연히 더 좋은 기술을 개발하여 가치를 높이고, 그러한 가치를 외국에 전달하고 그 값을 더 높게 받는 것이 현명한 방법이겠지요? 앞에서 종자 한 톨이 만들어 내는 가치를 이야기해 봤어요. 100배, 아니 1,000배의 가치를 생산해 낼 수 있는 좋은 종자를 만들고, 그것을 판매하고 그 지식에 대한 값을 받는 것이 농산물 그 자체를 직접 생산하는 것보다 더 많은 수익을 낼 수 있어요.

물론 사람들이 선호하고 많이 재배되는 작물 종자의 요구가 더 크겠지요? 그럼 사람들이 가장 많이 찾는 종자는 무엇일까요? 세계적으로 가장 많이 재배되고 애용되는 작물들이겠지요. 밀, 옥수수, 쌀, 콩, 보리 등의 곡물과 토마토, 감자, 고구마, 배추, 무, 고추 등의 채소, 그리고 다양한 과일들을 들 수 있어요.

이렇게 꾸준히 많이 찾는 작물의 종자도 있지만, 다른 한편으로 점점 더 많은 사람들이 찾아 인기가 높아진 작물의 종자도 있어요. 그 예로 파프리카나 토마토를 들 수 있어요. 파프리카 종자

금보다 비싼 종자

는 최근까지도 1g에 9만 원이 넘는다고 해요. 토마토 종자는 1g에 10만 원이 넘어간다고 하죠. 2022년 기준으로 금 1g이 8만 원 정도이니, 앞서 말한 대로 종자가 금보다 비싼 경우예요. 그럼 이 종자들은 왜 비쌀까요?

수많은 사람이 그 작물을 심고 소비하기 때문이기도 하고, 동시에 훌륭한 과학적 연구와 기술력으로 좋은 종자를 개발하여 차별화할 수 있었기 때문이기도 해요. 그러나 무엇보다도 원하는 사람들에게 좋은 종자를 판매하고자 열심히 노력하는 기업들이 있었기 때문이에요. 종자를 구입하여 심는 농민이나 재배 기업이 종자를 선택하게 되면, 그 종자가 가지고 있는 식물의 특성에 따라 농약과 비료, 재배 농기구, 기계 등을 구입할 뿐만 아니라, 재배 방법까지 결정하게 되지요. 그 지역의 기후와 땅의 특성을 고려하고, 생산한 농산물의 판매 시기와 방법까지 모두 고민하면서 결정하기 때문에 한 번 결정된 종자를 바꾸기는 쉽지 않지요.

이건 굉장히 강력한 힘이에요. 여러분도 단골 가게가 있지요? 어떤 물건을 살 때, 자주 가는 가게 또는 인터넷 쇼핑몰이 있을 거예요. 그곳은 왜 자주 가게 되나요? 물건을 살 때 얻는 포인트나 사은품이 매력적이어서도 그럴 수 있겠지요. 그렇게 신뢰를 갖고 자주 물건을 사게 되면, 그다음에는 그냥 그곳에서 계속 사기 마련이에요. 종자도 그래요. 아니, 오히려 더 강력하지요. 한번 구입하면 판매처를 잘 바꾸지 않고 그 회사에서 또다시 구입하게 되지요.

앞에서 설명했듯이 세계 종자 시장의 대부분은 7~10개 정도의 엄청난 규모의 글로벌 대기업들이 지배하고 있어요. 우리나라는 1.5% 정도밖에 수출하지 못한다고 해요. 종자 산업의 규모가 작으니, 우리가 먹고 쓰는 식물 자원을 대부분 수입하거나, 그것을 사용하기 위하여 상당한 로열티를 지불해야 한다는 것은 앞에서 이야기했어요.

그럼 우리나라는 왜 이렇게 종자 산업의 규모가 작을까요? 식물을 키우는 농업의 규모가 작기 때문이 아닐까요? 우리나라는 국토는 작지만 다양한 산업이 발달했어요. 그러나 산업 발달과 함께 농업에 종사하는 인구도 계속 줄었어요. 지금은 농업에 종사하는 인구가 전체 인구의 4~5% 정도밖에 안 된다고 해요. 게다가 이 인구도 대부분 농어촌에 몰려 있기 때문에 우리 주변에서 농민이나 식물 생산자를 쉽게 만나기 어려운 형편이에요.

그런데 뉴스를 한번 살펴볼까요? 여러분도 궁금하면 인터넷 검색을 해 봐도 좋아요. '기후 변화', 'GMO', '식량 위기', '종자 전쟁', '자원 전쟁', '탄소세' 등의 키워드를 한번 검색해 보세요. 상당히 많은 뉴스를 볼 수 있을 거예요. 왜 이렇게 많은 뉴스가 있을까요? 그리고 몇몇 친구들은 이미 눈치를 챘겠지만, 이 문제들은 엄청나게 거대하고 글로벌한 문제예요. 모든 나라가 힘을 합쳐 해결해야 할 문제이고, 우리 한 사람 한 사람 모두가 노력해야 하는 문제가 되어 가고 있지요.

최근의 한 예로 미국에서 코로나바이러스가 창궐하자, 트럭 운전사들조차 이동하지 않았다고 해요. 먼 거리를 달려야 하는 운전사들이 중간에 들리던 식당들이 문을 닫아 식사를 해결할 수가 없었기 때문이죠. 또한 아무도 다른 지역에서 오는 사람들을 반기지 않았어요. 그러다 보니 농산물 유통에 큰 차질이 생겨 신선한 농산물을 제때에 팔 수가 없었고, 재배를 위해 필요한 자원들을 제대로 공급할 수가 없었다고 해요. 많은 사람들이 코로나 바이러스 사태를 겪으며 식량 위기를 고민하게 되었어요.

그리고 이산화 탄소 배출이 급증하자 빙하가 빠른 속도로 녹기 시작했어요. 2020년에는 시베리아에 35도가 넘는 폭염이 찾아왔고 북극의 빙하 면적이 많이 줄었다고 해요. 우리나라 최근 30년 연평균 기온은 0.3도 상승했어요. 우리나라의 기온뿐만 아니라 전 세계의 기온이 계속 상승하고 있는데, 이것은 많은 식물들의 재배지가 다른 곳으로 옮겨져야 하는 문제를 나타내요. 재배법을 새롭게 연구해야 하고, 새로운 종자들을 많이 개발해야 하는 상황이 온 거예요.

이러한 문제를 오히려 기회로 보는 사람들도 많이 생겼어요. 투자자들은 위험을 이용한 상품에 투자하여 높은 수익을 얻기도 해요. 농업, 재배업의 불안은 투자자들에게 굉장히 좋은 기회가 되었고 이를 잘 예측하기 위하여 정보, 인공 지능, 경제학, 경영학, 그리고 다양한 기술들이 발전하고 있지요.

이러한 위기 상황을 미리 보고 엄청난 과학 기술력으로 무장된 대기업들은 DNA 기술, 유전자 가위 기술 등으로 우리에게 활용도가 높은 유전자를 섬세하게 이용하는 기술들을 개발하였어요. 당연히 더 좋은 식물들을 개발하는 데 적극적으로 이러한 기술을 이용하여 그 가치를 높이고 있어요. 이에 대한 이야기는 다음

장에서 더 자세히 해 볼게요.

이렇게 개발된 종자들은 첨단 기술이기 때문에 품종권과 특허를 취득하게 돼요. 품종권과 특허는 산업 재산권이라고 하여, 로열티를 받을 수 있는 권리를 부여해요. 이것은 국제적으로 인정받는 권리일 뿐만 아니라, 보장받을 수 있는 권리의 기간이 20년 정도예요. 심지어 이 권리는 거래도 가능하고 상속도 되지요. 종자 산업은 종자 자체를 판매하는 산업이기도 하지만 좋은 종자를 사용하는 권리를 판매하는 산업이기도 해서, 몰래 재배하여 판매하면 엄청난 벌금을 물 수도 있어요.

Tip

나고야 의정서

2010년 일본 나고야에서 열린 제10차 생물 다양성 협약 당사국 총회에서 제창된 나고야 의정서는 특정 국가의 토종 자원과 그 이용에 대한 지식을 권리로 인정한 최초의 국제 협약이에요. 우리나라의 경우 2017년에 발효되었고, 2018년 8월 18일부터 이 권리를 준수하면서 동시에 권리를 누릴 수 있는 국가가 되었지요. 나고야 의정서란, 토종 유전자원 이용에 따른 이익을 공정하고 공평하게 하여, 생물 다양성을 보전하고 지속 가능한 이용이 가능하도록 목적을 두고 있어요.

우리가 사는 지구의 땅과 생물 자원은 한정되어 있어요. 인구는 계속 증가하므로 식량과 의약품 소재로 활용되는 많은 생물 자원들이 고갈되어 가고 있어요.

나고야 의정서는 생물 다양성을 보전하고 지속 가능한 개발을 위하여, 자원 활용에 대한 가치를 정했어요. 그 자원을 보존해야 할 책임을 가진 원산지 국가와 생물 자원의 활용 가치를 높여서 이익을 공유할 책임을 가진 개발 국가 간의 역할과 의무를 명시한 것이에요. 생물 자원은 이제 각 나라의 재산이자 권리이며, 그것을 잘 보존하여 더 높은 가치로 만들어야 하는 것도 우리 세대의 의무예요.

5장

종자의 미래

생명 공학과 종자

우리가 사는 미래는 어떻게 변할까요? 아마도 영화 〈마션〉에서 보는 바와 같이, 과학자들이 식물을 재배하는 것을 신기하게 봐야 할 때가 올 지도 몰라요. 이미 우리나라 인구의 4~5%밖에 농사를 짓지 않는데, 그중 대부분의 농민들도 70대 이상의 노인이에요. 21세기에는 더 이상 예전의 방식으로는 농사를 지을 수 없을 거예요.

다가오는 미래에는 최첨단 과학 기술로 종자가 개발되고 관리될 뿐 아니라, 다국적 기업이 장악하며 판매하게 될 거예요. 매우 균일하고 깨끗한 재료로 식물을 대량으로 생산하면서도 여러 사람들 취향에 맞추어 다양한 방식으로 작물을 재배하고 이용하는 시대가 올 거예요.

또한 유전자를 마음대로 조작하는 기술이 엄청난 부와 힘을 가져다줄 것이라 예상하고 있어요. 2020년 노벨 화학상을 수상한 미국 캘리포니아주립대학교의 다우드나 교수와 프랑스인 샤르팡티에 교수는 '유전자 가위' 기술로 DNA를 구성하는 각각의 정보를 섬세하게 조작할 수 있는 시대를 열었어요.

리암 니슨이라는 배우가 주연한 영화 〈언노운〉에 나오는 주인공은 식물 공학자예요. 물이 매우 부족한 가뭄에 견디는 옥수수와 그것에 관련된 유전자 기술을 개발한 과학자 그리고 그 기술을 둘러싼 이야기를 그려 낸 긴장 넘치는 영화예요. 앞으로는 유전자와 관련 기술들의 가치가 매우 높아질 수 있다는 것을 보여 준 영화였어요. 씨앗 하나가 땅에 떨어져 먹을 것을 많이 만들어 내듯이, 종자의 가치는 농업과 관련된 산업을 키우는 핵심이에요. 좋은 종자를 둘러싼 스파이들의 암투가 나오지 말라는 법이 없지 않을까요?

보통 종자 하나를 개발하는 데 10년 가까이 걸려요. 물론 작물마다 차이가 있지만요. 만들어야 할 목표를 선정한 후, 개발 방법을 결정해야 하는데 보통은 교배와 돌연변이법을 활용해요.

아래 그림은 벼를 교배하는 과정이에요. '교배'란 잡종을 만들어 새로운 특성을 갖도록 하기 위하여, 식물들의 꽃가루를 다른

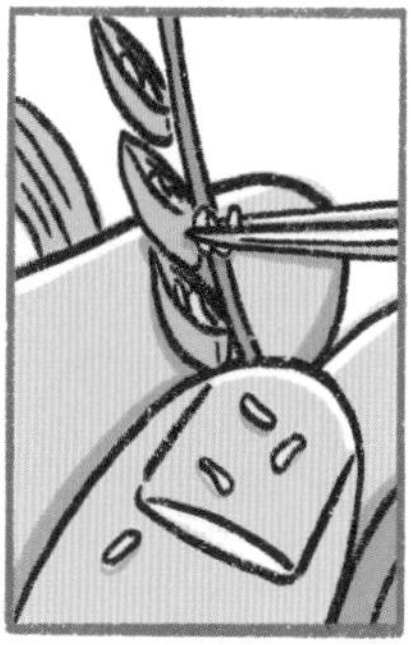

제웅
암술만 남기고 수술을 제거하는 과정

교배
다른 꽃의 꽃가루를 제웅한 꽃의 암술에 묻혀 주는 과정

잡종 종자 등숙
교배된 꽃의 씨방이 익어서 종자가 되어 가는 과정

꽃의 암술에 옮겨 주는 거예요.

최근에는 교배된 잡종이 분리가 되는 과정에서 생기는 많은 식물을 구분하기 위하여, '분자 표지(molecular marker)'◆라는 것을 활용해요. 분자 표지는 우리가 알고 있는 유전자나 어떤 특정 부위에 붙이는 일종의 DNA 꼬리표예요. 육종가는 잡종을 만든 후, 잡종 제2대 이후에 식물을 많이 길러서, 이러한 DNA 꼬리표로 각 식물에 대한 유전자 목록을 만들어요. 분자 표지를 활용하면, 이 중에서 어느 것을 골라내고 버려야 할지를 판단하는 데 도움이 돼요. 만약 엄청나게 많은 수백만 개의 분자 표지를 동시에 사용한다면, 컴퓨터와 정보학의 도움 없이는 불가능해요. 최근에는 이러한 분야를 연구하는 학문으로 '생물 정보학'과 '육종 정보학'이 나타났어요. 생명의 기본 물질을 연구하면서 식물을 키우고 싶다면 반드시 공부해야 할 분야이지요.

Tip

포메이토와 유전 공학

'포메이토', 우리말로는 '토감'이라는 이름을 가졌던 식물이 있어요. '포메이토'는 포테이토와 토마토를 합친 합성어예요. 이 두 식물은 모

분자 표지 생명체의 DNA 염기 서열과 같은 분자들의 변이를 특정 형질의 표지자로 이용하여 개체를 구분하는 기법이다.

두 가짓과 식물에 속하는 친척이에요. 그래서 접붙이기 등으로 두 개의 식물을 결합할 수 있었어요. 그래서 뿌리 쪽에는 감자, 지상부인 위에는 토마토가 열리는 식물을 개발할 수 있었죠. 제가 초등학교에 다닐 때 나온 학생 잡지에서 소개된 '포메이토'를 처음 봤을 때 엄청 설레었던 기억이 있어요. 이런 식물을 만들면 무언가 생명을 창조하는 느낌이 들 것 같았지요. 이 기술은 생물의 몸을 이루는 세포를 잘 이해하면 개발할 수 있어요. 독일에서 처음 제안하였는데, 나중에는 우리나라도 기술력을 갖추게 되었지요.

유전 공학 기술의 발전은 종자 개발과 종자 산업의 성장에 가장 중요한 기술이 되고 있어요. 왓슨과 크릭이 DNA를 발견한 이후, DNA에서 원하는 부위만 증식하는 '핵산 증폭 기술(PCR)'이 개발되어 유전 공학의 발전에 엄청난 혁신이 왔어요. 과학자들은 1980년대부터 DNA의 지도를 그리기 시작했어요. 이것은 유전자가 DNA의 어디에 위치하는지를 알려 주는 중요한 정보였어요.

1990년대에 들어와 유전자를 미생물을 이용하여 다른 식물에 집어넣는 데 성공했어요. 이러한 식물을 'GMO(Genetically Modified Organism)' 또는 '유전자 변형 식물'이라고 해요. GMO를 만드는 것에 대해서는 대단히 많은 논쟁이 있어요. 우리가 처한 다양한 문제를 해결하기 위하여 GMO는 필수적이라는 의견과 생명 현상의 신비한 영역을 함부로 건드리면 안 된다는 이유 등을 내세우는 반대론자들도 많지요. 이에 대한 이야기는 따로 다루려고 해요.

자연에는 수많은 돌연변이가 생긴다고 말한 것을 기억하나요? 이 돌연변이들이 누적되어 생물이 진화한다고 과학자들은 설명하고 있어요. 그런데 이 돌연변이들은 무작위로 생겨서 이용하는 데 많은 어려움이 있었어요. 보다 정밀하게 돌연변이를 만들어서 활용할 수는 없을까요?

이에 대한 대답으로 나온 것이 '유전자 가위(gene scissors)' 또는 '유전자 편집(genome editing)' 기술이에요. 이제 우리는 유전자를 구성하는 DNA의 염기 A, C, G, T 네 글자를 하나하나 교정하고 바꿀 수 있는 시대를 맞이하게 되었어요.

유전자 가위

요즘 뉴스에서 많이 나오는 생명 공학 기술 중 하나가 '유전자 가위'예요. 유전자 가위란 우리가 보지 못하는 미생물 세계에서 세균과 그 세균에 기생해 살던 바이러스 간의 투쟁의 산물로 만들어진 것을 인간이 빌려 온 기술이라고 볼 수 있지요.

바이러스는 세균을 공격할 때 핵 안의 DNA에 자신의 DNA를 삽입하여, 세균이 바이러스의 DNA를 같이 만들게 해요. 증식된 바이러스 DNA는 세균의 몸을 이용하여 바이러스를 대량으로 만들었다가 적당한 때에 세포의 막을 뚫고 나와서 다시 다른 세포를 공격해요. 그러나 세균들이 그냥 당할 수만은 없겠지요? 세균들은 바이러스들이 자신의 DNA에 바이러스의 DNA를 삽입하여 문제를 일으키지 않도록 지속적으로 감시하면서, 이상한 DNA 부위라고 판단되면 계속 잘라 내고 교정하는 일을 해요.

이러한 미생물 세계의 '기생충'을 연구하던 과학자들이 이 원리가 미생물뿐만 아니라 다른 생물에서도 발견되고 적용될 수 있는지를 관찰했어요. 늘 그렇듯이 처음에는 이 기술이 얼마나 위대한 기술이 될지 본인들도 잘 몰랐을 거예요. 그러나 다른 생물에서도 이 원리가 적용된다는 사실을 발견하게 되었어요. 이 기술은 엄청난 가치로 평가받았으며, 이 기술을 활용한 관련 산업이 계속 발전하고 있어요.

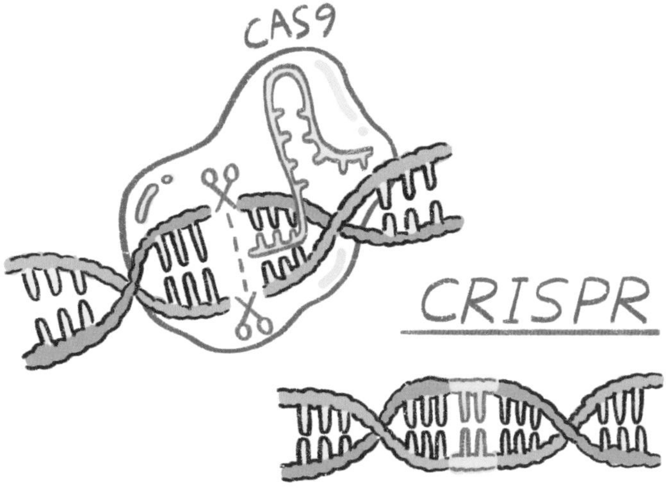

유전자 가위 기술

유전자 가위 기술은 여러 가지가 있지만, 그중에서도 '크리스퍼(CRISPR)' 시스템이 가장 대표적이에요. 크리스퍼 장치에서 특별하게 설계된 리보 핵산(RNA)이 어디를 잘라야 할지를 알려 주고, Cas9이라는 일종의 생물 기계(단백질)가 실제로 원치 않는 DNA 부위를 잘라 주지요.

이 기술을 응용하면, 원하는 부위를 많이 잘라 낼 수 있어요. 생물에는 DNA가 망가지면 다시 수정하는 기능이 있어요. 그런데 문제는 이 기능을 수행할 때 가끔 실수가 생긴다는 거예요. 원래 가지고 있던 A, G, C, T 네 개의 글자 배열에 맞춰 집어넣어야 하는데, 잘못 배열되는 경우가 생겨요. 육종가는 이러한 일들을 그냥 지나치지 않아요.

유전자 가위를 이용하면, 우리가 원하는 부위에서 돌연변이를 일으킬 수도 있고, 아주 쉽게 골라낼 수도 있어요. 이렇게 하면 대단히 중요한 혁신이 일어나요. 근육이 많이 생기는 소, 무르지 않는 토마토, 병에 걸리지 않는 식물 등을 만들 수 있고 치매와 같은 어려운 병을 고칠 수도 있을 거예요.

유전자 가위 기술로 만든 소와 일반적인 번식법으로 개발된 소를 구별할 수 있나요? 여기서 한 가지 중요하게 생각해야 할 부분이 있어요. 유전자 가위 기술로 소의 근육을 많아지게 했듯이 유전자 가위가 작동할 부분을 미리 알고 있어야 하지 않을까요? 그

(좌)유전자 가위로 개발된 소 (우)일반적인 번식법으로 개발된 소

리고 이렇게 만들어 낸 생명이 실제 우리에게 어떤 도움을 주는지를 확인해야 하지 않을까요? 아직 우리는 가야 할 길이 많아요. 유전자에 대한 이해와 섬세하게 확인하는 기술을 더 많이 발전시켜야 해요. 육종가들이 해야 할 일이 정말 많아요. 이제는 유전자 편집으로 좀 더 정교하게 만드는 기술을 통하여 유전자 하나하나를 떼어서 이해하기 쉬워질 것이고, 그것들을 여러 가지 방법으로 조합하여 더 우수한 생물을 신속하게 만들 수 있을 거예요.

이 정도로 섬세하게 만들어진 생물이라면 당연히 아주 정교한 기계로 세밀하게 분석을 해야 하겠지요? 그래서 최근에는 DNA와 유전자 구조를 연구하는 '유전체학(genomics)'이 매우 중요한 학문이 되었어요. 또 유전자와 연관된 표현형을 섬세하게 연구하는 '표현체학(phenomics)'도 점점 더 새로운 분야로 성장하고 있어요. 이는 엄청난 양의 데이터를 만들어 내기 때문에, '데이터 과학(data science)'의 중요성도 커지고 있어요. 옛날에는 자와 현미경을 가지고 연구했다면, 지금은 생물을 잘 기르고 측정하는 것, 그리고 그 데이터를 분석하는 소프트웨어를 개발하는 것이 매우 중요해요.

Tip

유전자 가위 기술의 영웅들

2020년 노벨 화학상을 수상한 다우드나 교수와 샤르팡티에 교수 외에도 유전자 가위 기술의 영웅들이 많아요.

1987년 일본 오사카대학과 1995년 스페인 알리칸테대학 팀이 각각 DNA에 특정 글자가 반복되는 것을 발견하고 처음으로 이름을 붙였어요. 그 두 팀은 구조를 발견하였는데 그것이 어떤 일을 하는지는 알지 못했어요.

그 특이한 구조가 어떤 역할을 하는지는 2005년에 와서 밝혀졌어요. 2012년에 다우드나와 샤르팡티에 교수 팀이 그 기능을 정확하게 설명하였지요. 2012년에 발견된 이 기술은 10년도 되지 않아서 그 엄청난 영향력을 확인할 수 있었어요. 모든 생물에서 활용될 수 있을 뿐만 아니라, 생명 산업, 종자, 식품, 의약품, 치료 등 거의 모든 생물 활용 산업에 활용될 수 있는 기술임을 확인했기 때문이에요.

이들 이외에도 MIT대학교의 장펑 교수와 우리나라의 김진수 박사도 영향력이 매우 높은 유전자 가위 선구자예요. 특히 장펑 교수는 어린 나이에 미국으로 이민 간 중국 교포로 20대에 이미 유전자 가위 기술을 개발하고, 다양한 생물에 유전자 가위 기술을 적용하였어요. 1981년생이라니 놀랍죠?

이러한 구조가 있다는 사실을 알게 된 지 불과 33년 만에 노벨상을 배출할 정도로 기술이 빠르게 발전했어요. 노벨상 수상자가 관련 연구를 발표한 지 불과 8년 만의 일이지요. 이렇게 엄청나게 빠른 속도로 과학이 발전하고 있어요. 어떤 이는 이를 '집단 지성의 힘'이라고 해요. 과학계는 이미 어떤 분야보다도 활발한 국제적 경쟁을 하고 있어요. 과학자들은 끊임없이 논문을 내고 서로 평가하면서 지식을 발전시키고 있어요. 훌륭한 지식은 순식간에 인터넷으로 퍼지고 교류되며, 즉각적으로 각자의 연구에 참고해요. 어쩌면 이제는 우리 모두 노벨상을 타야 하는 세상이 올지도 모르겠군요.

다우드나와 샤르팡티에 교수, 장펑 교수, 김진수 박사

우리 세상이 지속되게 하는 힘, 사람을 소중하게 아끼는 힘

앞으로의 세상은 어떻게 바뀔까요? 이 책에서는 크게 두 가지 변화를 보려고 해요. 하나는 '지속 가능성', 그리고 다른 하나는 '개인의 취향'으로 생각해 볼 수 있지요.

식물 종자는 세상을 바꾸는 힘이 있어요. 왜냐고요? 세상의 모든 사람은 먹지 않고는 살 수 없어요. 식물을 직접 먹거나 동물을 키워서 먹는 등 모두 식물을 기본적으로 먹기 때문이에요. 또한 우리가 쓰는 많은 물건들, 가구나 의약품 등도 대부분 식물에서 얻을 수 있어요. 이러한 것을 얻는 데 기본이 되는 종자는 세상을 풍요롭게 한다고 볼 수 있어요.

우리가 어떤 생물을 많이 활용하느냐에 따라 세상은 변화해요. 거꾸로 세상이 변하면 우리가 쓰게 되는 생물도 달라질 거예요. 자연을 이용한다는 것은 많은 부분에서 우리와 함께 살고 있는 생물들을 어떻게 활용하는지, 그리고 어떻게 생각하는지와 같아요.

그럼 지속 가능성에 대하여 먼저 이야기를 해 볼까요? '인류세'라는 말을 들어 봤나요? 우리 지구는 약 45억 년 전에 만들어졌다고 해요. 이후에 크고 작은 거대한 변화들을 거쳐 왔어요. 그때마다 많은 생물이 멸종하고 새로운 세계가 열렸어요. 우리 땅속을 연구하는 지질학자들은 적어도 다섯 번의 대멸종이 있었다고 추정해요. 대멸종의 원인으로 기후 변화에 의한 온도 상승, 운석

충돌, 화산 대폭발 등의 여러 가지 이유를 들 수 있어요. 그러한 재앙 이후에는 그 전과는 다른 생물들이 세상을 지배했다고 해요. 지금은 우리 인류가 세상 전체에 영향을 미칠 수 있게 되었다는 생각이 점점 받아들여지고 있어요. 그래서 인간의 활동이 지구 환경을 바꾸는 시대를 이르는 '인류세'라는 말이 생기게 된 거예요.

지구에 살던 어떤 생물도 인간처럼 지구 전체에 영향을 미친 적

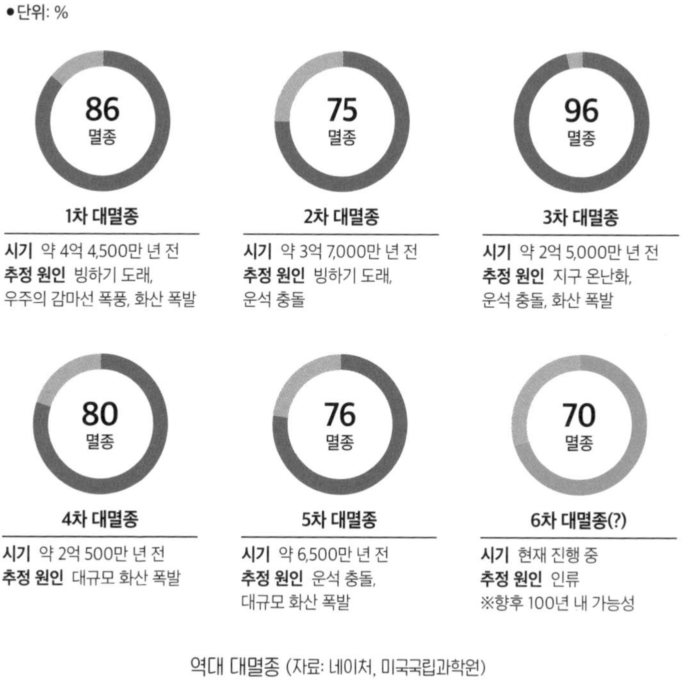

역대 대멸종 (자료: 네이처, 미국국립과학원)

이 없다고 해요. 어쩌면 우리가 여섯 번째 대멸종의 원인이 될 수 있다고도 생각하지요. 과학자들은 100년 전부터 시작된 인류세가 앞으로 100년 후, 세계의 70% 정도의 생물을 멸종시킬 것이라고 예측하고 있어요.

기후 변화 문제를 각성하게 한 노벨상 수상자들. 파울 크뤼천과 앨 고어 (출처: 위키미디어커먼스)

1995년 파울 크뤼천 교수가 오존층 파괴의 원리를 밝혀 노벨 화학상을 수상하고, 2007년 미국의 부통령이었던 앨 고어가 기후 변화 문제를 제기하여 노벨 평화상을 수상한 바 있어요. 2020년에는 세계 식량 안보◆에 노력하는 국제 연합 산하 기구인 세계식량계획이 수상하였죠. 이와 같은 노벨상 수상 사례는 우리가 기후 변화와 연관된 식량 안보에 대해 항상 관심을 두어야 할 것임을 뜻하고 있어요.

코로나바이러스로 전 세계는 어려운 상황에 처해 있어요. 그런데 안타깝게도 과학자들은 이런 상황이 앞으로도 반복될 것이며, 우리가 예측할 수 없는 갑작스런 위기가 다양하게 계속 다가

식량 안보 식량이 감소할 위협에서 인류를 보호하려는 노력.

올 것이라고 해요. 따라서 우리가 사는 세상이 앞으로 자라나는 어린이들과 그다음 세대에게도 좋은 세상이 되도록 노력하는 것은 매우 중요한 일이지요. 우리는 이러한 개념을 '지속 가능성'이라고 해요. 지금은 한 사람 한 사람이 미래를 위해 생활 방식을 바꿔야 하는 중요한 때인 거예요.

1997년 일본 교토에서 세계 여러 나라의 정상들이 모여서, 기후 변화에 대비하기로 약속하고, 의무적으로 노력하기로 했어요. 우리나라는 개발 도상국으로 분류되어 온실가스 배출 의무를 강제로 실행하지는 않게 되었어요. 하지만 실제로 2017년 기준으로 온실가스 배출량이 세계 11위이며, 2020년 기준 GDP 세계 9위에 해당하는 선진국이어서, 자체적으로 온실가스 배출 감소 계획을 세워야 했지요. 이제 여러분들도 이 나라의 국민으로서 기후 변화 대비에 적극적으로 참여해야 해요.

우리가 현재 살고 있는 세상은 세계 여러 나라가 큰 전쟁을 치르고, 약소국을 지배하던 시절을 지낸 지 100년도 되지 않았어요. 전쟁 후 세계적으로 인구가 급격하게 늘어나 더 많이 생산하고 소비하는 세상에서 살고 있지요. 급격한 인구 증가에 따른 공급과 소비에 알맞은 상품은 어떤 기준에 맞추어 일정한 수준의 품질로 맞추어져야 해요. 때문에 우리는 개개인이 원하는 다양한 상품을 쓰기보다는 공장이나 농지에서 대량으로 생산되는 소수

로봇과 개인 데이터를 활용한 맞춤형 농업

의 상품만 쓰게 될 뿐이에요.

개인들의 취향을 좀 더 정확하게 파악하면서, 이에 맞추어 물건을 생산한다는 것은 쉬운 일이 아니에요. 특히 생물은 환경에 따라 다르게 성장하기 때문에 어떠한 기준에 맞추어 일정한 수준의 품질로 만들기란 매우 어려워요. 그러나 인터넷과 정보 산업이 크게 발달하면서, 모든 것이 급격하게 연결되기 시작했어요. 여기에 드론, 자율 주행 자동차, 로봇 등을 이용한 이동 방법이 획기적으로 발전하면서 다양한 생물 생산의 시대를 앞당기고 있어요. 이러한 발전된 기술을 이용하여 개인의 취향에 맞춰 개발된 종자와 재배법을 표준화하여 다양하게 활용할 수 있는 방식으로 생산하는 것이 가능해졌어요. 이렇게 개인 데이터를 활용한 맞춤형 농업이 보편화된다면, 이제 우리 한 사람 한 사람에게 필요한 것을 맞추어 제공하는 세상이 오게 될 거라 기대해요.

여러분은 '밥' 하면 어떤 모양이 떠오르나요? 혹시 흰쌀밥만 떠오르나요? 그러나 사람과 용도에 따라, 다양한 쌀을 활용하기도 해요. 찹쌀, 현미, 흑미 이외에도 먹어도 살찌지 않는 쌀, 당수치가 올라가지 않게 하는 쌀, 피틴산 등에 알레르기를 일으키지 않는 쌀 등을 활용한다면, 다양한 밥을 먹을 수 있을 뿐 아니라 여

여러 용도로 개인의 취향에 맞는 밥을 만들어 주는 다양한 쌀 (출처: 위키미디어커먼스)

러 도움을 기대할 수 있지 않을까요? 물론 무엇보다도 맛과 모양이 가장 중요하겠지만요.

기후 변화와 종자

과학자들은 21세기 말이 되면, 기온은 지금보다 2~5도 오르고, 비는 6~10% 더 내릴 것이라고 예측해요. 기온이 2도가 오르면 어떤 일이 벌어질까요? 전 세계 산호의 99%가 사멸하고, 10만 5천여 종의 생물 중 상당수가 멸종할 것이라고 해요.

기후 변화를 지연시키거나 더 적극적으로 대응하기 위하여, 과학자들은 종자를 개발하고 있어요. 국제벼연구소는 우리나라의 식량 문제 해결에 큰 기여를 한 통일벼의 개발에도 큰 도움을 주었어요. 최근에는 기후 변화 문제에 대응하는 종자를 적극적으로 개발하고 있어요.

가장 중요한 것은 홍수, 가뭄, 높은 온도 등의 직접적인 기후 문제와 기온 상승에 따른 해수면 상승으로 토양 염분 상승에 대비하는 것이에요. 여러 나라 정부와 기업 이외에도 빌 게이츠 또한 적극적으로 연구를 지원하고 있어요.

기후 변화가 오면, 새로운 병과 벌레들도 많아질 것으로 예상해요. 그래서 병과 벌레에 강한 종자 개발에 많은 노력을 쏟고 있어요.

그런데, 종자는 어떤 방법으로 개발되는 것일까요? 오랜 기간 사람들의 손이 덜 닿았던 곳에 있던 토종 안에 자리한 중요한 유전자들은 종자 개발에 매우 유용하게 활용돼요. 최근에는 앞에서 설명했던 분자 표지나 유전 공학 등의 발전된 기법을 이용하여 더 정밀하게 종자 개발에 활용해요.

만약에 우리가 경험해 보지도 못한 수준으로 지구의 기후가 달라지면 어떻게 해야 할까요? 미국에서는 '바이오스피어'라는 연구를 통해 완전히 폐쇄된 인공 환경에서 사람들이 어떻게 살 수

물에 오래 잠겨도 견디는 벼의 연구

바이오스피어

있는지를 살펴보고 있다고 해요. 바이오스피어 안에서 식물은 굉장히 중요한 역할을 해요. 두 차례에 걸쳐 실험을 하였으나, 아직은 완전한 성공을 하지는 못했다고 해요. 특히 이산화 탄소가 급격히 높아지는 것을 막지 못했다고 해요. 이것은 식물 종자 개발을 포함한 많은 것들을 다시 생각해 보게 하지요. 우리 지구를 소중하게 간직하고 지키는 것이 얼마나 중요한지 다시 한번 생각해 봐야 할 것 같아요. 아직까지는 영화 〈마션〉의 감자 이야기는 영화에서만 가능해요.

골든라이스와 빌 게이츠

지금도 아프리카의 가난한 나라의 많은 어린이들은 비타민 A 부족으로 야맹증이라는 병에 걸려요. 심하면 사망에 이르지요. 이를 안타깝게 여긴 스위스의 과학자 포트리쿠스 박사가 몸에서 비타민 A가 되는 성분인 베타카로틴이라는 물질이 생기게 하는 쌀을 개발했어요. 노란색의 쌀이라 골든라이스라는 이름을 붙였어요.

포트리쿠스 박사(왼쪽 인물)와 그가 만든 골든라이스(오른쪽의 노란 쌀)
(출처: 위키미디어커먼스)

처음에 만든 쌀은 실제 아프리카 어린이들이 좋아하는 길쭉한 모양의 쌀도 아니고 밥맛도 별로였죠. 완벽한 종자가 되려면, 사람들에게 이용되어야 해요. 실험실에서 막 나온 몇 개의 식물과 종자만으로는 되는 일이 아니었죠. 그래서 포트리쿠스 박사는 국제벼연구소와 협력하여 베타카로틴을 충분히 함유하면서도 사람들이 좋아할 수 있는 먹기 좋은 쌀을 만들었어요.

사실 벼는 베타카로틴을 전혀 만들 수 없어요. 벼와 가까운 식물 중에서 교배를 하여 잡종화를 시킬 수도 없었죠. 그래서 유전 공학적 방법을 동원하고 중간에 미생물을 활용하는 단계를 거쳐야 했어요. 이러한 식물을 GMO라고 한다는 것은 앞에서 들은 적이 있지요?

GMO이다 보니, 정말 많은 논란이 있었어요. 찬성하는 사람과 반대하는 사람들은 거의 전쟁한다 싶을 정도로 서로의 입장을 강하게 주장했어요. 골든라이스는 2000년에 논문으로 처음 소개되었는데, 바로 재배되지는 못했어요. 그러다 2021년 드디어 필리핀이 일반 농지에서 재배해도 좋다고 허가해 주었어요.

인류를 사랑하는 마음으로 시작한 일이 빛을 보기 위하여 진행되는 과정은 참으로 긴 여정인 것 같아요. 반대론자들의 생각도 들어볼 필요가 있어요. 만약의 문제를 전부 검토해서 안전하게 만들어야 하니까요.

종자의 이야기는 사랑과 극적인 이야기가 많아요. 골든라이스가 재배되어 아프리카와 필리핀, 방글라데시 등의 가난한 나라에서 야맹증으로 고생하는 어린이들이 그 혜택을 받는다면, 정말로 기쁜 일일 거예요. 빌 게이츠도 이 연구에 관심을 보이며 큰돈을 투자하고 있어요.

생명 공학과 친환경

앞으로 종자를 개발할 때에는 GMO를 빼놓고 생각할 수 없는 세상이 올 거예요. 이미 우리나라 면적의 100배에 이르는 30개 이상의 나라에서 GMO가 재배되고 있으며, 그 성장 속도는 무섭게 증가하고 있어요.

GMO는 수천억 원에 이르는 환경 평가와 식품 안전성 평가 등을 거치면서 엄격한 관리를 하고 인증을 받아 재배를 하게 돼요. 오히려 우리나라의 종자 기업들은 규모가 작아서, GMO를 실험실에서 개발해도 종자로 만드는 데 한계가 있어요. 우리나라는 현재 GMO를 재배하는 것이 매우 어려운 상황이에요.

GMO는 정말 나쁜 것일까요? 과거에는 종자 개량을 할 때, 훨씬 많은 수의 유전자가 바뀌는 일이 있었지만 이를 잘 파악하지 못했어요. 오히려 GMO 기술로 더 정확하고 섬세하게 종자를 개발할 수 있게 되어서 예측할 수 없는 결과를 줄이게 되었어요. 종자 개량의 역사는 유전자를 바꾸는 역사라고도 볼 수 있어요.

GMO를 만드는 기업들 중 집중적으로 비난받는 기업은 몬산토라는 대기업이에요. 몬산토는 제초제를 만들어 엄청난 부를 축적했어요. 그러다 보니, '몬산토=제초제=독'이라는 선입견이 생긴 측면도 있어요. 독을 만드는 회사에서 나온 식품이라는 회의감이 있을 수 있지요. 더욱이 몇 가지 과학 실험들을 통해 GMO가 나쁘다고 하나, 현재까지 과학적으로 GMO의 위해성을 밝힌 권위 있는 논문들은 발표되지 않았지요.

10,000년 전
인간이 작물에서 선호하는 식물을 선발하기 시작

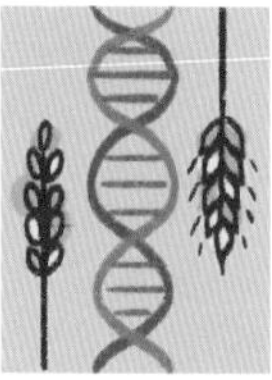

1800년대 후반
농민과 과학자들이 교배법을 활용하기 시작

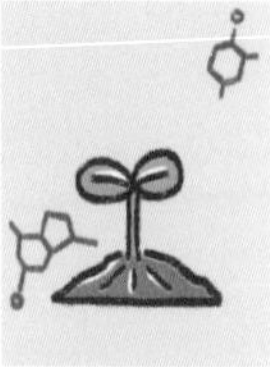

1940~1950년대
과학자들이 유전자 다양성의 의미를 알고 그 집단을 개발하기 시작

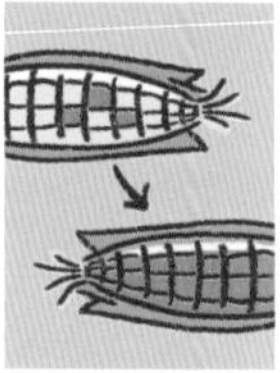

1980년대
다른 생물에 있는 쓸모 있는 유전자를 식물에 도입하기 시작(GMO)

1990년
첫 번째 GMO가 판매됨

1995년
미국에서 GMO 콩과 호박이 나옴

1996년
GMO 면화가 나옴

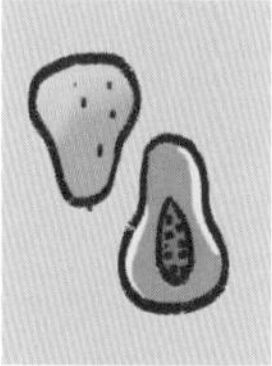

1997년
GMO 파파야가 나옴

1999년
GMO 카놀라가 나옴

2006년
GMO 알팔파, 사탕무가 나옴

2016년
GMO 감자가 나옴

GMO 사과, 벼가 나올 예정

작물 유전자 재조합의 역사

GMO를 반대하는 시위 (출처: 위키미디어커먼스)

GMO를 만드는 기업들이 워낙 돈이 많아서, 사회에 정확한 정보가 알려지는 것을 막고 있다는 의견도 있어요. 그런데 사실 그런 반론은 농산물이나 GMO에 대한 것이라기보다 기업 그 자체에 대한 의심으로 보는 것이 맞다고 봐요. 다시 말해, 'GMO를 만드는 기업이 부도덕하니 GMO 모두가 문제다.'라는 말은 맞지 않는다는 것이죠.

GMO는 그저 기술과 기술의 결과물이에요. 화재가 난다고 불을 없앨 수는 없고, 자동차 사고가 난다고 자동차를 없앨 수는 없죠. 휴대 전화 때문에 교통사고로 1년에 1,000명이 넘는 사람이 죽거나 다친다고 해요. 그렇다고 휴대 전화를 없애자는 사람들은 없지요.

GMO 논란은 역설적으로, 종자와 농업의 중요성을 보여 주는 사례라고 생각해요. 사람들이 가장 많이 걱정하는 부분은 환경 파괴와 우리 건강에 해로울 수 있다는 점이에요. 다시 말하면, 농업과 종자가 환경과 우리 건강에 얼마나 중요한지를 설명해 준다고 볼 수 있어요.

우리의 미래는 결국 우리의 선택에 의해 좌우돼요. 인류는 건강하고 오래 살려는 꿈을 이루기 위해 과학 기술을 끊임없이 발전시켜 왔어요. 여러분들은 아마도 각자의 유전자 안에 잠재되어 있는 수명만큼 살게 될 거예요. 어떤 사람은 모두가 120살이 넘게 살 것이라고 해요. 60대에 은퇴하고도, 살아온 만큼 또 다른 인생을 살아야 하므로, 기존과는 다른 방식의 삶을 살아야 하겠지요.

단순히 어느 한 가지 특정 기술이 수명을 크게 늘리거나 건강하게 할 것이라고 보기는 어렵지만 중요한 과학 기술의 발전이 없으면, 고통받고 어려움에 처할 사람들이 많아질 거예요. 과학자들은 끊임없이 연구 개발을 하겠지만 그것을 활용하고 이용하여 세상에서 더 많은 사람들이 혜택을 보도록 하는 것은 여러분들의 선택에 달려 있답니다.

Tip

우리의 미래를 앞서 이야기한 소녀, 그레타 툰베리

그레타 툰베리는 2018년 8월, 스웨덴 의회 밖에서 처음으로 적극적인 기후 변화 대응을 촉구하는 청소년 기후 행동을 한 것을 시작으로, 2019년 전 세계적인 기후 관련 동맹 휴학 운동을 이끈 인물이에요. 이 공로로 타임지가 올해의 인물로 선정했어요. 2019년 '바른 생활상'을 수상했고, 노벨 평화상의 유력한 후보였지요.

기후 변화의 중요성과 우리의 선택을 강조한 그레타 툰베리
(출처: 위키미디어커먼스)

그레타는 2003년생으로 나이는 어리지만 아버지의 영향으로 기후 변화에 관심을 갖고, 미래 세상을 위해 적극적인 기후 변화 대응을 요구하며 어른들도 하지 못한 선한 영향력을 주었어요. 인류가 이 세상의 주인공이니만큼 올바른 선택을 해야 한다고 주장했어요.

종자에 대해서는 어떤 선택을 해야 할까요? 기후 변화와 다양한 취향에 따른 선택을 하려면, 생물 공학의 도움 없이는 불가능해요. 이러한 변화에 잘 적응하는 생물의 종자는 오히려 농약과 비료 등을 덜 쓰기 때문에 더 친환경적일 수도 있죠. GMO가 친환경과 반대말이 아닌 이유이기도 해요. 우리는 합리적이고 정확한 과학적인 근거에 따라 판단하고 선택하는 사람들이 되어야 해요.